1. 草入り水晶　山梨県甲府市水晶峠
長さ約11cm

2. 水晶　山梨県北杜市須玉町小尾八幡鉱山
長さ約15cm

3. まりも入り水晶　大分県豊後大野市緒方町尾平鉱山
水晶の長さ約5cm

4. 煙水晶　岡山県小田郡矢掛町内田
長さ約13cm

5. 緑水晶　Lapchet Mine, Ganesh Himal, Dhading, Nepal
長さ約14cm

6. 日本式双晶　山梨県山梨市牧丘町乙女鉱山
幅約 5 cm
7. 黄水晶　奈良県吉野郡天川村五代松鉱山
左の水晶の長さ約 5 cm

8. 水晶　宮城県栗原市鶯沢細倉鉱山　写真の左右約10cm

9. 燐銅ウラン鉱に覆われた黒水晶　Bendada Quarries, Sabugal, Guarda District, Portugal
写真の左右約12cm

10. 緑水晶	Sinerechenskoye Deposit, Primorsky Kray, Russia	長さ約 6 cm（写真上右）
11. 草入り水晶	宮崎県西臼杵郡日之影町オシガハエ	長さ約 4 cm（写真上左）
12. 紫水晶	石川県小松市尾小屋鉱山	写真の左右約 6 cm

■カラー前口絵写真の説明（鑑賞と解説）

1. 草入り水晶　山梨県甲府市水晶峠

細く長くのびる水晶中のもう一つの水晶。境界は鋭く、内側の水晶は尖塔に枯れたツタがからみついたような内包物が一面に入り、外側はあくまでも透徹とした凍てつく厳しさを湛えている。条線も細かく鋭く、まるで古の魔法により、永遠に閉ざされた古城を見るかのような気分にさせられる。

八幡山と並ぶ甲州を代表する産地の水晶である。この産地のものは、透明度よりも角閃石族の鉱物によると思われるインクルージョンの存在と、先端に向かって結晶径が細くなる独特の形態を特徴とする。次の八幡山とは地理的にも近く、印材などに用いるため水晶を採掘した際の標本が現在にも伝えられている。

2. 水晶　山梨県北杜市須玉町小尾《おび》八幡《はちまん》鉱山

坑道から地元の水晶採掘人の手によってとりだされたものである。うっすらと煙る水晶の中ほどに、茶に近い黄色の斑が美しい。光沢は輝きすぎず沈まず、張りつめた氷が光を受け、いま溶け出すかのようである。不思議なのは、二本の水晶を貫き渡るように、黄色の斑が入っていることである。かつて水晶掘りの一人は、寄り添う二本の水晶が互いに呼び合い、思いを通わせてひとつに合わさると言っていたという。八幡山は日本でも最高級の水晶を多産した産地で、国立科学博物館蔵になる巨大な日本式双晶の標本も当産地のものである。

3. まりも入り水晶　大分県豊後大野市緒方町尾平鉱山

形はやや丸みを帯びて大人しく、面の艶はやや眠い。条線は目立つが鋭さはなく地味が深い。この曖昧とした印象を一変させるのは、含まれた無数の球体である。寄り添い、離れ、青灰色の混沌の宙に連なり、うねり、彼方へと消えていく。果てしのない、壮大な景色を包容できるのは、まさにこの静かな、茫洋とした水晶でしかないのだ。「まりも入り水晶」と呼ばれ、親しまれている水晶である。尾平の特産品といってよい。鉱床はスカルン鉱床とされ、この水晶はホルンフェルスのようにみえる黒い緻密な岩石の空隙の内壁から直接成長する。また、先端に近づくにつれて透明となり、「まりも」も少なくなるのも特徴である。

4.煙水晶　岡山県小田郡矢掛町内田

蛭川の黒水晶のような完璧な黒ではなく、姿も端正とは言い難い。むしろ無骨な、どっしりとした力強い結晶である。先端部は美しい冴えのある黒だが、右肩から左下へ、流れるように暗灰色の斑が入り、左下柱面の晶洞粘土のひっつきとともに、野趣あふれる見かけとなっている。色や結晶の完全さよりも、好みにぴたりという物に出会う喜びを考えさせてくれる。花崗岩を石材として採掘している石切場で、花崗岩ペグマタイトの晶洞より産出したもの。西南日本内帯には白亜紀から古第三紀の花崗岩が広く分布し、岩体によっては大小のペグマタイトを擁する。岐阜県蛭川・苗木、滋賀県田上山が古くより著名だが、近年は良品を多産した蛭川・苗木の石切場の操業縮小などによる出物の減少により、相対的にほかの産地の存在が浮上してきた感がある。内田はその一例である。

5. 緑水晶　Lapchet Mine, Ganesh Himal, Dhading, Nepal

「ヒマラヤ水晶」の名称で知られる水晶のひとつ。このものは、緑泥石の豊かなインクルージョンと、高い透明度、強いテリ、先端に行くにつれ細くなる形状、深く直線的だが間隔にややゆらぎのある条線を特徴とする。「ガネーシュ・ヒマール」産とされる水晶にも異なったツラのものが存在し、産地は複数あるようだが、この特徴を有す一連のものは、おそらくごく限られた場所から採取されたものと見るべきだろう。

6. 日本式双晶　山梨県山梨市牧丘町乙女鉱山

やや厚みのある板状の水晶が自然の定める角度を保ち、接合している。かつて日本を訪れたドイツの学者ゴールドシュミットによって「日本式双晶」の名を受けた。土地の人々からは、夫婦水晶と呼ばれていた。お互いが接する部分の深部へと続く白濁した複雑さに、二人の成長の激しい営みが感じられる。いまは落ち着いて仲良く並んだ水晶の蝶のような愛くるしい姿に見とれるも良し、何故このような結晶を成すのか考えをめぐらせるのも、また楽しい。

7. 黄水晶　奈良県吉野郡天川村五代松《ごよまつ》鉱山

寒天を固めたような独特の質感に、内に濃く外に向かって薄く霧を溶かし込んだような橙黄色で染め上げられた水晶。色が濃く、形にも優れたこの二本は、天の創作物でありながら、人の手で作られたかのような手のぬくもりを感じさせる。破面の光沢や質感はごく普通の石英のそれであり、独特の質感は結晶表面の構造によるもののようだ。橙黄色の原因と思われるインクルージョンは角閃石族鉱物とされる。また、C軸に沿って頭の切っ先まで結晶を貫くように管が通ったような構造が見られる。その「管」は横断面では六角形をしており、なかなか不思議な水晶である。

8. 水晶　宮城県栗原市鶯沢細倉鉱山

細倉鉱山らしい、西洋の多塔の城塞のような変わった群晶。幾度となくほかの鉱物が表面に着生しては水晶の成長を阻害し、それをかいくぐっては伸び続けた末に出来上がった形。この奇怪な姿には、舗装を断ち割って芽を出す草や、折れてもなお葉をつけ枝を伸ばす木々にも似た、一途な力が秘められている。

9. 燐銅ウラン鉱に覆われた黒水晶　Bendada Quarries, Sabugal, Guarda District, Portugal

おそらく晶洞中で長石や雲母は風化しきってしまったのだろう。燐ペグマタイトから分離した黒水晶は、二次的に成長した燐銅ウラン鉱に表面を覆いつくされてしまった。強烈な放射線のためか黒く染まり、表面を燐酸に冒されたと思しき水晶はほとんど光を通さない。緑の外套をまとったポルトガルの紳士は、はるばる日本まで旅をし、標本店の店先でこう言われた。「天ぷらみたいだね」

10. 緑水晶　Sinerechenskoye(Blue River) Deposit, Primorsky Kray, Russia

スカルンの灰鉄柘榴石の粗い結晶でできた母岩上に、上端に向かって太くなる、少々不恰好な水晶が成長した。この、ロシア沿海州の著名な鉱山地帯から来た頭でっかちは、多量の透緑閃石を含んで濃緑色に染まって見える。母岩はもろく、水晶は簡単にはずれてしまうが、赤褐色の母岩から生える姿は福寿草のように見えることだろう。もっとも海外ではロケット水晶と言うそうだが。

11. 草入り水晶　宮崎県西臼杵郡日之影町尾小八重

くっきりした条線の水晶に、上はまばらに、下に向かうに従い密に、緑色針状の鉱物が内包されている。人々はこれを「草入り水晶」として愛でた。「草入り」と呼称される水晶では、山梨県竹森産のものが著名であるが、淡褐色の竹森の草（苦土電気石）が晩秋から冬の装いならば、オシガハエの若草色は初夏の日差しを感じさせる。

12. 紫水晶　石川県小松市尾小屋鉱山

無色の小さな水晶の群れを見下ろすかのように林立する紫水晶の塔。同じ大地に根を下ろしながら、何故彼らだけが大きく、そして色づいていったのであろうか。標本の紫水晶は根元の大半は下地の水晶の上に覆いかぶさっているか、組み合っているだけで、つながっているのは小水晶一本程度の太さしかない。その不安定さと淡い色合いが、はかなげな印象を募らせている。

A Guide to Collecting Minerals

鉱物コレクション入門

伊藤 剛×高橋秀介

築地書館

■まえがき

本書は「鉱物コレクション入門」と題し、鉱物の「趣味」としての楽しみ方について解説を試みたものである。初心者にも配慮をしつつ、どちらかといえば、もう一歩趣味の世界へ踏み込もうとする人への手引きとなることを目指している。

近年、鉱物に親しむ人口は飛躍的に増え、楽しみ方も多様なものとなった。図鑑などをはじめ、「鉱物」について解説した本はすでに多く出版されている。

一方、古くからの「鉱物コレクション」は、鉱物学的な、あるいは博物学的なアプローチのものとされ、ノウハウもそこで最も蓄積されてきた。本書の軸足もおのずとそこにあるが、コレクションの「楽しみ方」に重きを置いた。この点がこれまでの類書と大きく異なっている。そこで、鉱物に向けられる目をまず科学的な「観察」と美学的な「鑑賞」とに分けて考え、楽しみながら「鑑賞」を深めることが、必然的に科学的な知見と出会うという書き方をしている。そのため、さまざまな鉱物種について図鑑的に情報を並べるのではなく、対象を水晶、方解石など炭酸塩鉱物、代表的な金属鉱物に限った。これらの鉱物は多様性が豊かで、初心者からベテランまでよく親しまれている。コレクションの楽しさや趣味の深みを解説するには好適と考えた次第である。日本語の書籍としては、新しい試みと言えるかもしれない。

さて、本書表紙に用いた写真は、秋田県大仙市協和荒川にあった荒川鉱山の鉱石を用いて造られたと伝えられる花瓶を撮影したものである。

しかし、昭和15年に閉山した荒川鉱山の物としては、作行きや使用されている鉱物に納得し難い点がある。むしろ同じ協和荒川の地にあり、昭和40年まで存続した宮田又鉱山の物としたほうが、時代感、結晶の特徴などよく合致する。いずれにせよこの花瓶は、鉱夫が日々の作業の合間に採取した結晶鉱物を弁当箱に忍ばせて持ち帰り、ビールやサイダーの瓶を芯として、モルタルでつなぎ合わせて作製した作品なのだ。

鉱夫たちの造形は、この荒川ないし宮田又鉱山の物に留まらない。筆者が確認できただけでも、岐阜県神岡鉱山、栃木県足尾鉱山で、こうした「鉱夫芸術」（と、筆者は呼んでいる）が造られており、おそらくほかの金属鉱山でも、多数同様のことが行われていたと推測している。

鉱物を採取してくる、または貰ったり購入したりして持ち帰る。これだけでは鉱物をコレクションしていることにはならないと筆者は考える。私たちコレクターの多くは、入手した鉱物を一定の約束に従って分類し、箱やケースに仕立て、抽斗に、あるいはガラス棚に、またはダシ箱に収納して保管している。入手した物を自らの望む姿にして所有する。ここに至ってはじめてコレクターとコレクションという関係が生まれる。

鉱夫たちも、時間をかけて採り貯めた鉱物を前に想を練り、おのおのに独自の「鉱夫芸術」を創造し、保管してきた。これは芸術行為であり、立派なコレクションである。考えてみれば、筆者を含めた鉱物コレクターの大半は、自らの収集品の整理に化学に基礎を置く系統分類法を用いてきた。しかし、だからといって、それ以外の手法や価値観によって蒐められた物をコレクションと認めず、排斥してよいということにはならない。

私たちのよく知る、鉱物学的・博物学的コレクションは、近代以降主流になったものにすぎない。古くは東洋の本草学、西洋のストゥディオーロ（Studiolo 書斎）やヴンダーカンマー（**Wunderkammer** 驚異の部屋）などの、私たちには未知の価値観に基づいて収集されたコレクションが多数存在していたのである。では、これら古のコレクションと私たちの知るコレクションとに共通するものとは何であろうか？ それはコレクターの趣味や価値観が、蒐めた物に強く反映されている点である。たとえば、歴史の古い神社や寺、教会などに奉納、寄進されて集まった膨大な物品は、現代に過去を伝える貴重な品々ではあっても、コレクターの統一した意思を感じさせることのない、あくまで匿名的な存在なのである。

こうした蒐集者の意思が強烈に反映したコレクションであるヴンダーカンマーにも、もちろん鉱物は含まれていた。その蒐集物として知られるものに、ハントシュタイン（**Handstein** 手石）がある。これは水晶や方解石などの結晶鉱物や、自然銀、紅銀鉱をはじめとした金属鉱物、鉱石を貴金属製の建物や十字架、人物のミニチュアと組み合わせた置物で、山間の風景や宗教的な意味を持つ造形に仕上げられている。もちろんこれを「鉱物標本」と呼ぶことはできないが、近代以前の価値観によって蒐集された鉱物のコレクションのひとつに違いはない。

本書は先に記した通り、主に鉱物学的・博物学的な鉱物標本のコレクションに軸足を置いた内容となっている。だが、コレクションという営みに際して教条主義に陥らず、さまざまな価値観のなかからコレクターが自身の蒐集基準を確立する一助になればと思うものである。そこで、日本におけるハントシュタインとでも言うべき「鉱夫芸術」を表紙の写真に用いた。これを、ただ石とモルタルの塊と見るかは、それぞれの自由である。しかし、これを価値あるものとする考え方もあるのだということを否定しないでほしい。

コレクションとは、ただ収集された物品というだけではなく、それを通じてコレクターの個性や価値観に触れ、蒐めた者にもそれを見る者にも、人生の豊かさをもたらしてくれるものである。

本書を手にとってくれたあなたにも、豊かな人生がもたらされることを祈ってまえがきとしたい。

二〇〇八年九月　伊藤　剛　高橋秀介

目次

カラー前口絵写真
カラー前口絵写真の説明（鑑賞と解説）

まえがき……ii

第1章　水晶さまざま

水晶のかんどころ……2
水晶の形……10
形態と用語……13
双晶の楽しみ……25
【コラム1・双晶をめぐって】……29
「テリ」と「条線」、結晶の表面……31
インクルージョンの楽しみ……38
【コラム2・コレクションの分類と鉱物種】……45
科学的な標本評価……49
産地と産状……53

【コラム3・産地推定の実際】……62
いわゆる「汚い水晶」について……67

カラー中口絵写真

カラー中口絵写真の説明（鑑賞と解説）……71

第2章　「菱」の石たち

方解石（カルサイト）の楽しさ……74
霰石（アラゴナイト）……86
玄能石……92
「菱」の石たち……97
苦灰石（ドロマイト）と菱苦土石（マグネサイト）……100
菱亜鉛鉱（スミソナイト）……106
菱マンガン鉱（ロードクロサイト）……111
菱鉄鉱（シデライト）……115
へそ石、鉄丸石……122
【コラム4・愛石趣味の歴史】……129

第3章　金属鉱物の楽しみ

鉱石の魅力……136
黄鉄鉱（パイライト）……146
黄銅鉱……150
方鉛鉱……154
閃亜鉛鉱……158
輝安鉱……162
硫砒鉄鉱……166
銀鉱物……170
【コラム5・鉱物標本市場の変化】……176

産地解説……185
参考文献……186

第1章　水晶さまざま

水晶のかんどころ

「結晶」という語は、科学的には「物質のうち、原子の規則正しい周期的な配列からなりたっているもの」と定義されている。

一方、「鉱物の結晶」といって一般に思い浮かべられるのは、水晶なのではないだろうか。透明な鉱物の結晶を人に見せると、よく「これは水晶ですか」と尋ねられる。それほど天然の結晶＝水晶というイメージは人々に浸透している。ではどれほどの人が水晶の姿を正確に思い描けるだろうか。

まず鉱物それ自体をよく見ること。楽しみ方のもとはそこにある。美的な鑑賞においても、科学的な観察でも、この基本は変わらない。

また、水晶に限らず鉱物の美的な鑑賞は、突きつめていけば必ず科学的な知見と出会う。その鉱物の結晶形態はどういうものなのか、一緒に出てくる鉱物との関係、さらにどういった地質条件で生成されたのかといった興味もおのずと出てくる。美的な鑑賞と科学的な関心がしっかり結びついているのが「鉱物」ともいえる。だからといって、この両者を同時に説明したのでは、話はひどく曖昧なものになる。

美的な鑑賞はひとつひとつの標本との語らいに向かい、厳密に定義された語の使い方とはなじまない。逆に科学的な解説は、個々の標本そのものからは離れ、その鉱物種の特性や地球科学的に普遍的な事実を取り出す論理構成をとる。やはりここは思い切って、個々の対象の「鑑賞」と、一般論的な「解説」を分けたほうが良いだろう。そもそもこの章で取り上げる「水晶」は、科学的に定義された鉱物種としては「石英 **Quartz**」という単一の種でしかない。石英、さらに厳密には「低温型石英」の結晶のうち、肉眼で見えるサイズの結晶の外形を持つものを「水晶 **Rock Crystal**」と呼んでいるのである。一方、水晶には、見た目に即した名称がさまざまにつけられている。そうした多様な「俗称」は、美的な鑑賞と密接に結びついている。

なお、この本では「結晶している」という語を「肉眼か、ルーペなど簡単な拡大装置で結晶形が確認できる程度の大きさの自形《じけい》結晶」という意味で使っている。[1] オパールや自然水銀など、例外的な非晶質のものをのぞいて、ほとんどすべての鉱物は結晶構造を持っているわけだから、このような「結晶している／いない」という言い方は厳密にはおかしい。けれど、普通はこの用い方で問題なく通っている。ほかの一般向けの書では、同様の使われ方が説明なくされているが、念のために確認しておく。

まずは、水晶を蒐集物として見たときの、「かんどころ」は何なのかをざっと概観してみよう。

[1]自形結晶と他形結晶
自形とは、「鉱物固有の結晶面がよく発達している形を形容する語」(『地学事典 増補改訂版』平凡社、一九七〇、p.449)。
他形とは、「その鉱物固有の結晶面の発達が隣接するほかの鉱物によって妨げられた形」(同、p.651)。

水晶の形

水晶の形態は一定の規則にのっとっており、その約束を外れることはない。しかし、規則はすべてに共通していても、個々の水晶は非常に個性豊かである。

晶洞《しょうどう》の虚空を一気に突き通すように、細く長くのびたもの。これとは反対に、どっしりと安定感のあるもの。小さな水晶たちが寄り添ったもの。それぞれに良さがあり、どの形が良いといったことはないといってよい。

強いていうならば、角箱《かくばこ》[2]に寝かせて納めたならばその際に、自立させてまたは台をつけて棚に陳列したならばその際に、しっくりと安心して眺められる位置をひとつならず持っていること——俗にいう「天が出る」かどうか——が「良い」とする条件だろうか。見ていて、何となく腰の定まらない気分になるような標本は、愛着もわきにくいものである。しかし、標本箱を変えてみたり、展示の方法を工夫したりすることで、見え方が一変することもある。だからこれは、水晶それ自体の見どころというよりも、蒐集者の演出次第というべきだろうか。

ただし、クリスタルガラス製品などと同様に、結晶の欠け（チップ）の有無は価値判断の基準として非常に大きい。完全に無傷のものは得難いが、それだけに価値がある。とくに先端部の大きな欠損——俗にいう「頭がない」「頭が削げている」もの——は、ほかによほどの見どころがない限り、鑑賞品として取り上げられることはない。

[2]角箱
ただ「角箱」と言った場合でも、ガラス蓋つきの紙製またはプラスチック製の箱のことが指されることが多い。あまり他国に例を見ない標本整理・展示用具である。こと紙製の箱の場合、かつては優れた職人技による繊細な造作の箱を安価に手に入れることができたが、廃業が続いて以降、品質の高い箱の入手は困難な状況が続いている。

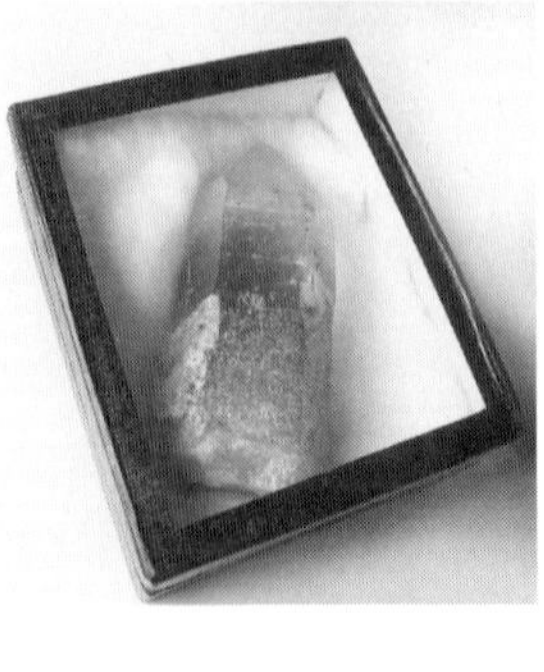

展示の一例

木製標本展示棚での展示の一例。棚板にただ置くだけでなく、結晶を立てる台を自作したり、アクリル製のケースに収めたりといった工夫がされている。撮影のため開けているが、普段はガラス引き戸を閉めている。標本には埃や水分、日光など強い光が禁物である。このように、見栄えだけでなく保存にも気が配られる。

面のテリ

左ページの写真のような、くるいのない平面で構成された曇りなく透明な水晶が、一般に想像される「水晶」のイメージに最も添うものだろうか。均整の取れた結晶という点から見れば、およそ申し分がない。これは平坦な結晶面を持つものである。面の「テリ」も、おのずとカットグラスのように一様で明快なものとなる。

結晶面の美しさ、面の「テリ」は、水晶の魅力のうち、最も重要な位置を占めているだろう。このテリには、水晶など鉱物の結晶に多く見られる「条線」（31ページより詳しく解説）と密接な関係がある。左ページの水晶のように、条線のほとんどない、フラットなものもあれば、一面に繊細な条線が織り込まれた、深い森のただなかにある湖面のような愁《うれ》いのあるものまで、水晶の表情は実にさまざまである。このように「テリ」とは、鉱物の結晶に対して光沢と質感を合わせた概念として使われている、より複雑で繊細な表現なのである。

それぞれに趣味もあり、一概にどれが良いとはいえないが、一般的に表面のガサついたもの、小結晶が無秩序について見苦しいもの、風化などで明らかに荒れているものなど、見ていて清々しさのないものは鑑賞物としては欠点とされる。

水晶

産　地：Mt.Ida, Montgomery Co., Arkansas, USA

大きさ：結晶の長さ約13cm

これぞ「水晶」という標本の一例。米国アーカンソー州Mt.Ida 周辺は、古くより優れた水晶の産出で知られる。この標本は、比較的に大型の結晶でありながら、高い透明度と、湾曲などのまったくない結晶面を保っている。まっすぐ一直線にのびる柱面、まったく平滑に光る錐面と、結晶のくるいのなさをうかがわせる。水晶全体からみれば、こうした端正な水晶はきわめて少ない。むしろMt.Ida地域の特産ともいえる。

色

純粋な水晶は無色透明であるが、煙《けむり》水晶・黒水晶・紫水晶・紅石英と、水晶は各色調によって異なった名前がついている。しかし、実際は煙水晶ひとつをとっても、まったくの無色透明と漆黒に近いものの間、すべてを指しており、そのバリエーションは無限といってよいだろう。[3] この本でも、カラー口絵に色彩を楽しめる水晶を並べてみた。

さらに多彩なのは色の幅だけではない。たとえば一口に緑色の水晶といっても、一様に色の着いているものから、着色原因となる包有物が、針状・繊維状をなし、絣《かすり》模様のように水晶に色を載せているものもある。これを拡大鏡を用いて観察すると、あたかも竹林に分け入ったような、または清流にそよぐ水草をのぞき込んだような、はたまた沼地に繁茂する青苔を見るようなものであったり、興趣の尽きせぬものがある。こうした点に優れたものは、ときに結晶の大きな傷という欠点をおして、鑑賞対象となるものである。

水晶の見どころは、そのほかにもゾーニング（山入り・ファントムなど）、インクルージョン（草入りなど）、双晶（日本式双晶など）といろいろあるが、大きくは上記三点に拠っている。これらの要素が、複雑に絡み合ってひとつの水晶を鑑賞するポイントとなっているのである。ここでは、単品の「水晶」という結晶についてまず記したが（肉眼で一本の水晶に見えても、結晶学的には複数の結晶からなるといった話があるが、それはひとまず措く）、複数の水晶からなる群晶でも、また相応に鑑賞の要はある。と

[3]水晶の着色原因
水晶の着色原因は、不純物による結晶構造の欠陥に由来するものと、水晶以外の鉱物の包有によるものに大別される。前者は煙水晶～黒水晶、紫水晶、黄水晶、紅水晶（ピンク）に限られ、透明度を保ったまま着色される。後者はインクルージョンの存在を肉眼でも確認できる場合が多く、また一般にインクルージョンが多くなるほど透明度は落ちる。一方、包有される鉱物の種類によって色は任意に決められるため、各色のものがある。「インクルージョンの楽しみ」（38ページ）参照。

くに「天が出る」かどうかは、群晶の場合により厳しく問われる。

手近にある水晶をこうして眺めてみると、形に優れるが艶芳《つやかんば》しからず、または色艶申し分なけれども立ち姿に難ありと、なかなかすべてに優れたものはない。

だが、天然自然のものに、人間の理屈で欠点を見つけては選するという姿勢ならば、鉱物ではなく人造の美術・工芸品を蒐集すればよいことである。ここは、ひとつひとつの水晶の個性に目を向けて、産地の持つ特性（ときには欠点とされるものでも）をよく見定め、優れた点を自ら見つけだすつもりで付き合ってやっていただきたい。

水晶の形

天然に産する水晶は、厳密にいえば二つとして同じものはない。また、それを鑑賞するにあたっては、個々人の好みや評価基準も大きく関わってくる。しかし、石それぞれの個性や、個人の好み以前に、「水晶」というものに共通する性質はある。それについて、まずは基本的な用語を通じて見ていくことにしよう。ここでは、鉱物学的な記述で使われるものと、「俗称」とされる言葉も同列に扱っている。どちらにしても、言葉を知ることで、対象となる「水晶」の姿がよりはっきり見えてくることには変わりはなく、また「鑑賞」に踏み込んだ話をしているからである。

水晶の姿を正確に描ける者は、感性の豊かな画家でもまずいない。それは、水晶の形を知るための「言葉」を持たないからだと推測される。たとえば、水晶といえば、六角柱のうえに六角錐が乗った形とされる。そう記述すると、まず〈図1〉のような形が想像されるだろう。だが、現実にはこの形に見える水晶はまず存在しない。先で説明するように水晶の結晶にはさまざまな形態があるが、「理想形」とされるものは〈図2〉のような形である。このように「錐面」の大きさはひとつおきに違い、「柱面」との境界が同じ高さにはないことのほうが普通である。

つまり、水晶は『頭』の先端では、どちらかといえば三つの面でとがっていることが基本と考えたほうがよい。六面が均等な大きさとなることもあるが、現実の水晶は、一

図1
カレル・チャペック『クラカチット』（青土社、2007）表紙より

チェコの著名な劇作家・小説家チャペックによるイラスト。水晶のほか方解石なども描いたものと思われる。正確な描写ではないものの、石の雰囲気はよく伝わり、チャペックには熱水鉱脈のゲス板を見た経験があるのではと思わせるものがある。

般的に持たれているイメージに反して、我々が頭で考える結晶の「完全さ」からは、いくぶん遠く、むしろその形状の揺らぎこそが魅力といえる。

こうした説明を経たうえであれば、〈図1〉のような絵が水晶の写実とは離れていることが理解されると思う。それだけ水晶を見る目が繊細になったという言い方もできるだろう。

と、ここまでの文章のなかでも、ずいぶんいろいろな言葉が出てきた。鉱物学的な言葉もあれば、マニアや業者の間で使われてきた俗称もある。〈図3〉は、そのごくごく基本的なところをまとめたものである。

図3

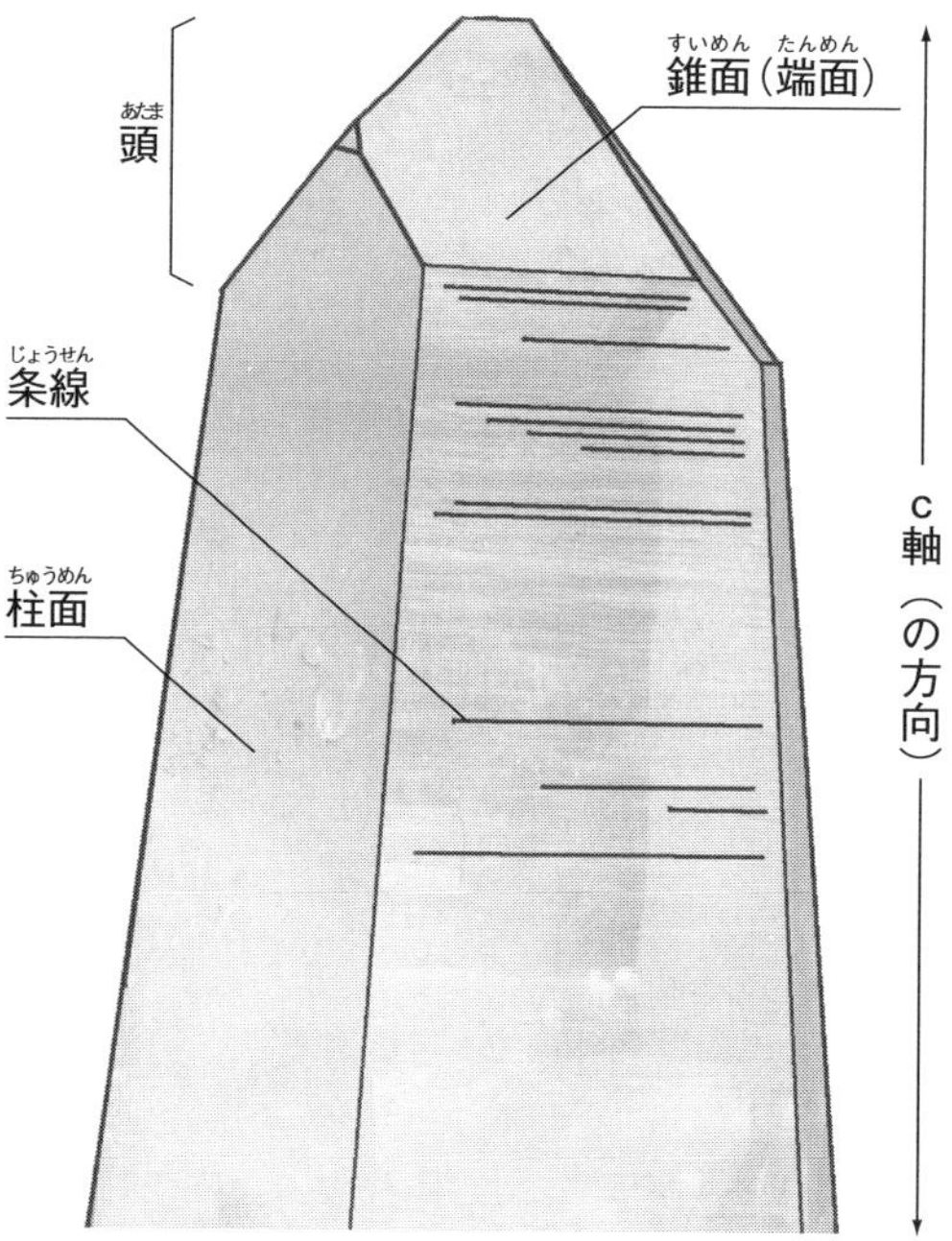

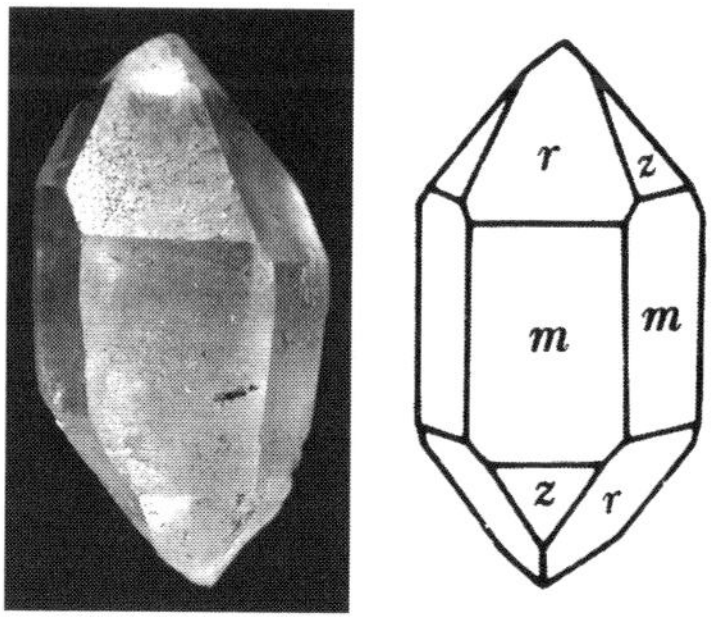

図2
理想形と、理想形に近い水晶
産　地：岩手県陸前高田市玉山鉱山
大きさ：結晶の長さ約2.5cm

右の結晶図と見比べてほしい。こうした理想形に近い水晶は、全体からすればかなり少ない。玉山鉱山は、美晶を数多く産した水晶産地として名高い、花崗岩中の含金石英脈を採掘した鉱山である。

鉱物趣味に親しんできた人からみれば、ごく当たり前の言葉ばかりと思われるだろうが、意外に整理される機会はなかったようだ。たとえば「先端が欠損しているもの」を「頭がついていない」という。では子供のころから鉱物趣味を続けている人に、いつ水晶のここを「頭」と呼ぶと知りましたかと尋ねても、なかなかちゃんとした答えは返ってこない。「いつのまにか」というのがふつうだろうか。一方、「頭つき」と言ったところ、「頭があるんだったら尻はないんですか」と言われて驚いたこともある。いずれ慣習的な言葉だが、あまり「尻」とはいわず、また柱面の部分のみを指す俗称もとくにない。さらに、ここに示した語のうち、「条線」「柱面」は鉱物学でも用いられる術語だが、それ以外は「俗称」である。よく水晶の「錐面」「端面」といわれている結晶面は、鉱物学的には「菱面体面」ともいう。この違いは、ただ外観だけに注目しているか、結晶の対称性をとらえ、結晶面を数学的に記述するかという関心の違いに由来している。また鉱物学的には、錐面（菱面体面）はひとつおきに**r**面とz面とに区別される。さらにいえば、柱面と錐面の境に現れる結晶面〈図4〉を指す一般的な俗称はない。クリスタルパワー、ヒーリングの世界では「ウィンドウ」と呼ぶこともあるそうだが、鉱物コレクションの世界でそれについて言及するときは、**x**面（梯形面《ていけいめん》）や**s**面（三方錐面《さんぽうすいめん》）といった結晶学的な用語を使うのが一般的である（ただし、**x**面・**s**面以外の面が現れている場合もあるので、注意を要する）。

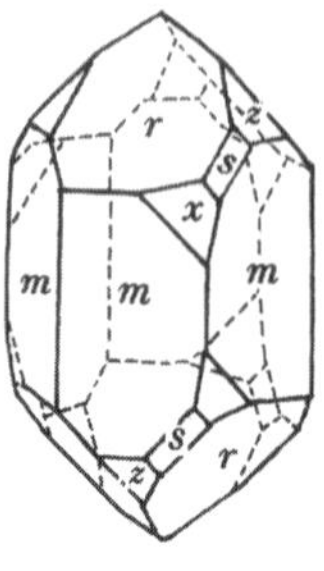

図4
水晶のx面とs面

益富寿之助『鉱物』保育社、1974、p.25　図25・3より引用。

形態と用語

水晶を扱う人、親しむ人の人口は、この十数年で飛躍的に増えた。その分、水晶との接し方も多様なものとなり、さまざまな言葉が使われるようになってきた。かつては「鉱物を趣味としている人」といえば、まず誰もが地学的・博物学的にアプローチしているという前提で話ができた。だが、そうした時代はすでに過去のものとなっている。とはいえ「水晶の形態」を呼び習わすのに、昔からコレクターの間で用いられてきた単語は、いまでも使われている。

これら水晶の形態を指す用語には、学問的に定義づけられるものもあれば、単に慣習的、趣味的に使われてきたものもある。こと慣習的な語、趣味的な語のなかには、ディーラーが販売上の目的でつけたキャッチコピー的なものもあったり、同じものでも地域によって異なった名前で呼ぶものもある。また流行り廃りもある。つまり、水晶と接しようとすると、多彩な用語の使われ方に戸惑うことにもなるわけである。すでに古手となった筆者たちからすれば、近年になって海外から入ってきた用語は新鮮なものに映るし、一方、新しく鉱物に親しむようになった人からみれば、古くからの用語について、あらためて説明される機会はあまりなかったのではないかと思う。

そこで、昔から日本の鉱物趣味界で用いられてきた語を中心に、最近の、主に英語圏に起源を持つ語をあわせ、主だったところの概説を試みてみた。

平行連晶

同時に、または時間をおいて成長した、軸を共有ないしその方位が平行な結晶の集まり。水晶に限らず、柱状・針状の鉱物にはまま見られる。水晶のような柱状結晶では、成長の途中で先端が割れたあと、そのまま成長を続けると、たくさんの「頭」が平行に並んだような形になることがままある。ヒーリング系のショップでは「エンジェル・ブレッシング」と呼ばれることもあるようだが、こうしたものも平行連晶である。カラー前口絵8番、細倉鉱山の水晶も参照されたい。

松茸水晶

いったん成長した水晶の頭に、再度水晶が平行連晶したもので、元の水晶を軸に、新しい水晶がより太くかぶさり、茸の笠のように見えるもの。成長の未熟な物は「冠水晶」といわれる。英語圏では「松茸水晶」を王笏に見立て、セプター・クォーツ（Septer Quartz）と呼ぶ。

松茸水晶

産　地：Hallelujah Mine, Petersen Mountain, Washoe Co., Nevada, USA

大きさ：写真の上下約15cm

紫水晶～煙水晶のセプター・クォーツの一例。画像下部に見えるのは、撮影のための支持棒ではなく、水晶からなる「軸」である。カリフォルニア州とネヴァダ州の境に位置するこの産地では、セプター・クォーツを含む紫水晶が個人によって採掘されており、こうした極端な形態のものを産したことで知られる。花崗岩質ペグマタイトからの産出。

平行連晶

産　地：大韓民国慶尚北道聞慶面龍淵里

大きさ：写真の上下約17cm

柱面に多数の「頭」があり、錐面が同時に光っている。つまり、ひとつの方向からの光を同時に反射し、面が平行であることを告げている。この標本は、花崗岩質ペグマタイトから産出した白水晶。

松茸水晶

産　地：岐阜県飛騨市神岡町
神岡鉱山

大きさ：写真の左右約15cm

柱面全体が茶色くほかの鉱物に覆われた「軸」に、白色半透明な「冠」がかぶっている。この色の対比はたまたまそうなっているにすぎないが、形態を分かりやすく伝えることができるため、この標本を選択した。スカルン鉱床中の水晶で、細かい珪灰鉄鉱 Ilvite の結晶などを伴う。

平板水晶

柱面の向かい合う一組の成長が相対的に遅れることにより、板のように平たくなった水晶。日本式双晶は二本の水晶が作り出す凹部の成長が卓越するため、平板になりやすい。

砲弾型水晶

水晶の錐面と柱面に明確な境界がなく、柱面から先端までなだらかな曲面をなす。文字通り先端のとがった砲の弾や、ラグビーボールのような形態をいう。英語圏ではRocket Quartzとも呼ばれる。また、上に向かって広がっていくような柱面に、多数の「頭」が族生しているものは「アーティチョーク水晶」と呼ばれることもある。

平板水晶

産　地：山梨県甲州市塩山平沢

大きさ：写真の左右約12cm

さらに特殊な形態の水晶。特定の柱面のみが異様に発達した例。これを「平板」と呼ぶかどうかは人によるかもしれない。筆者は個人的に「ペーパーナイフ水晶」という愛称で呼んでいた。

平板水晶

産　地：山梨県山梨市牧丘町乙女鉱山

大きさ：写真の左右約6.5cm

平板水晶は日本式に限られるものではないが、少ない。むしろ、両翼がそろっていない「日本式の片われ」が、「平板」としてポピュラーだろう。いわば「残念もの」である。

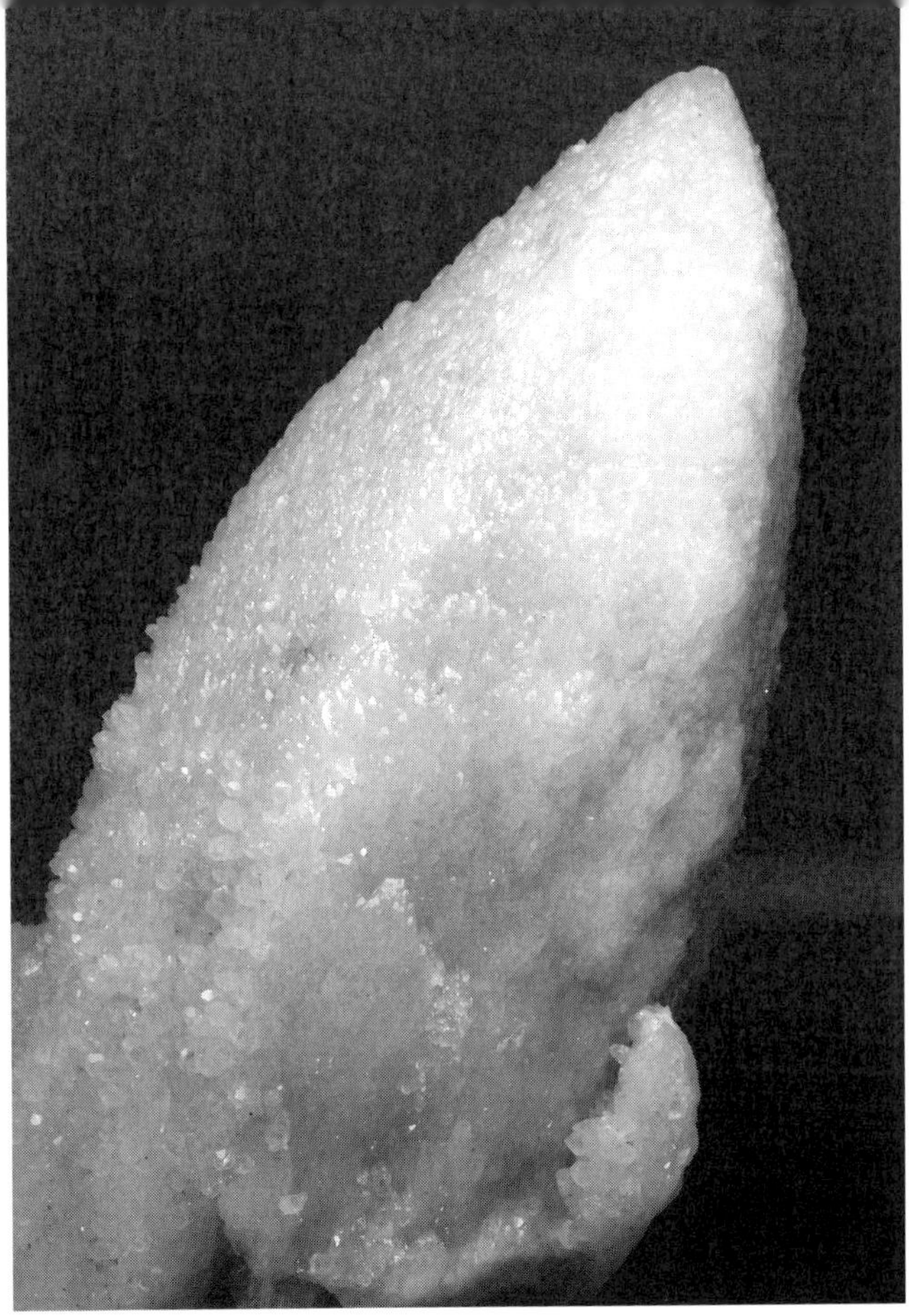

砲弾型水晶
（上）
産　地：秋田県大仙市協和荒川鉱山
大きさ：写真の左右約12cm
（下）
産　地：石川県小松市尾小屋鉱山
大きさ：写真の上下約5cm

ともに日本の金属鉱山から産した水晶。尾小屋、荒川両鉱山とも、新生代新第三紀の熱水鉱脈型鉱床である。こうした形態の水晶は、一般に「熱水鉱脈鉱床のもの」として認知されている。産状と形態を結びつけて記憶されている好例。105ページに掲載の、ルーマニアBoldut 鉱山産水晶もこの形態である。

骸晶

結晶の稜や角が成長し、面の中心部がくぼんだ形状のもの。結晶面に複雑な段差ができているようにも見える。水晶では錐面で発達することが多い。

溶液から結晶が析出する際、結晶のもととなる物質の濃度が十分に高かったことを示す。溶液の濃度が高いと、結晶の成長速度は速く、溶質が成長に使われるため、最も成長の早い結晶面の中央付近の濃度が低くなり、相対的に成長の遅い稜や角付近の濃度が高くなる。そのため、稜や角で結晶がどんどん成長することからこの形状になると考えられている。

先細り水晶

先端に向かって柱面が細くしぼられ、頭部は全体の大きさに比較してごく小さな錐面で形成されているもの。この形態は比較的多く見られるが、細かく見ていくと、「先細り」となる形態には、さまざまなものがあることが分かる。左ページにいくつかその例を示した。

先細り水晶（左ページ下右）
産　地：愛知県北設楽郡設楽町津具白鳥山
大きさ：写真の上下約5cm

石英片岩を貫く安山岩脈に伴う晶洞から産した水晶。結晶の右下側の柱面が、先端に向かい、見事に細くなっている。先端部ではほとんどなくなってしまい、頭を見ると六角柱ではなく三角柱でとがる形態になっている。秋月瑞彦『鉱物学概論』（裳華房、1996）で「先細り型」として紹介された形態。

骸晶
産　地：Karur, Tamil Nadu, India
大きさ：結晶の径約2cm

骸晶をなす茶水晶。錐面の中央にくぼみがはっきり認められる。

先細り水晶
産　地：長野県南佐久郡川上村
　　　　甲武信鉱山
大きさ：結晶の長さ約5cm

スカルンから産した水晶。水晶の柱面には細かく錐面が現れ、それが条線となる。繰り返し現れる錐面が、手前のものよりも端に近いもののほうが少し大きく発達することで、先に行くに従って細くなっている。逆に両錐の水晶で、柱面の中央部が細く先に行くに従って太くなるものがまずないのは道理である。

先細り水晶
産　地：宮崎県延岡市鹿川
大きさ：結晶の長さ約11cm

花崗岩ペグマタイトの晶洞から産した煙水晶の一例。柱面がそれぞれ均等に先端に向かって細くなっている。Tessin habit Quartz と呼ばれる形態。同時に、柱面に双晶であることを示す線も観察される。

先細り水晶
産　地：兵庫県姫路市家島町
　　　　家島諸島
大きさ：結晶の長さ約3cm

柱面と錐面の間の斜面がひとつおきに大きく発達し、先細りに見えるもの。花崗岩ペグマタイトからの煙水晶。

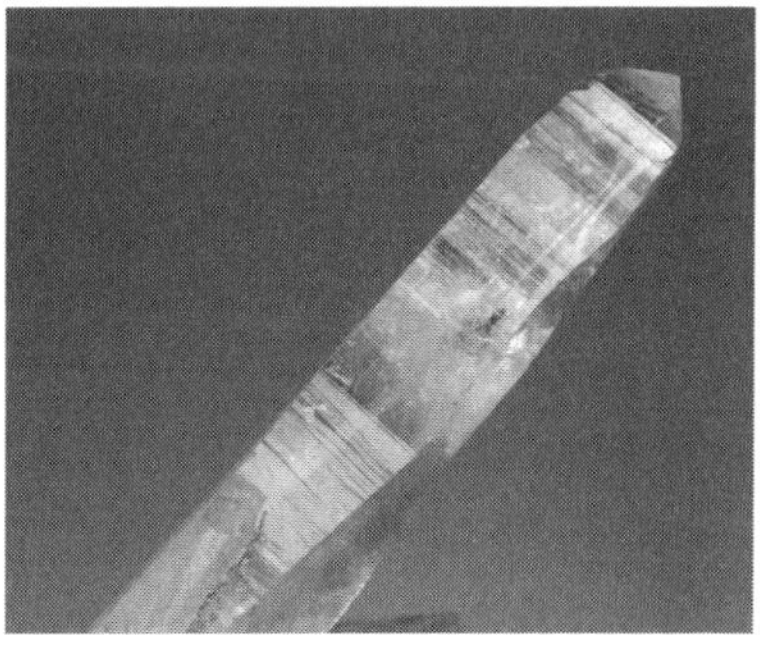

まがり水晶

文字通り曲がった水晶だが、条線の様子から、平行連晶によって曲がって見えるものと、実際に何かの作用があって成長したものに大別される。いったん成長した水晶が折れ、再び成長して接合したものなどがある。

その他の形態（ねじれ水晶、ファーデン水晶）

結晶の伸びの方向（c軸）を軸に、左右どちらかにねじれている水晶があり、花崗岩ペグマタイトから産する黒水晶に稀にみられる。日本でも、岐阜県田原などに知られている。ドフィネー双晶によるものと考えられている。

ファーデン水晶（**Faden Quartz**）は、白く濁った糸のような部分が透明な結晶を貫く独特の外観を持つ。「糸」（ドイツ語でファーデン）を中心に、左右に多数の「頭」を持つ平行が一般的な形態だ。「糸」の部分の白い濁りは液体または気体の包有物によるもので、母岩の割れ目が開いていくと同時に結晶が成長し、両者のスピードのバランスが揃った結果、このような形態になったとされる。構造帯の低変成度の変成岩に特徴的に産する。

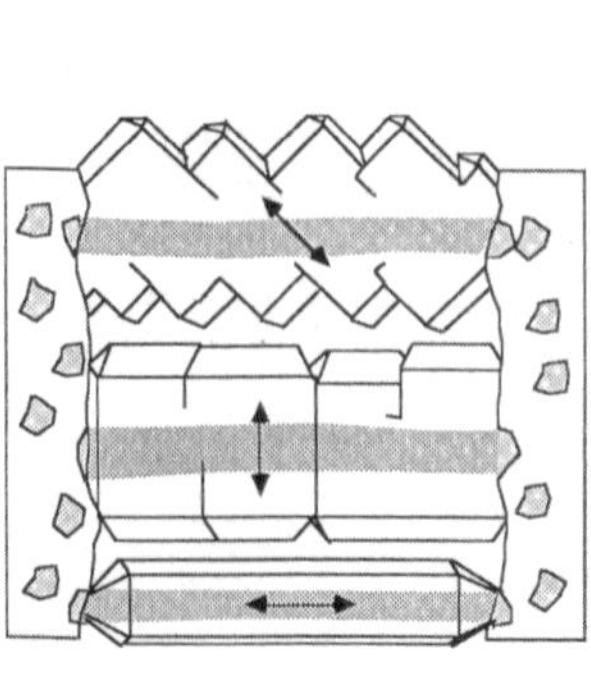

ファーデン水晶の成長模式図

網かけ部分が「ファーデン」。母岩の割れ目が左右に開いていくと同時に結晶が矢印方向に成長することを示している。

R.P.Richards, “The Origin of Faden Quartz”, the Mineralogical Records Vol.21, No.3, May-June 1990, Mineralogical Record Inc., p.192より引用。

まがり水晶
産　地：山梨県甲州市塩山上萩原
大きさ：結晶の長さ約2.5cm

花崗岩ペグマタイト中の水晶。益富寿之助『鉱物』（保育社、1974）で紹介され、益富地学会館で公開展示されている標本（山梨県金峯山産とされている）とよく似た形態のものである。

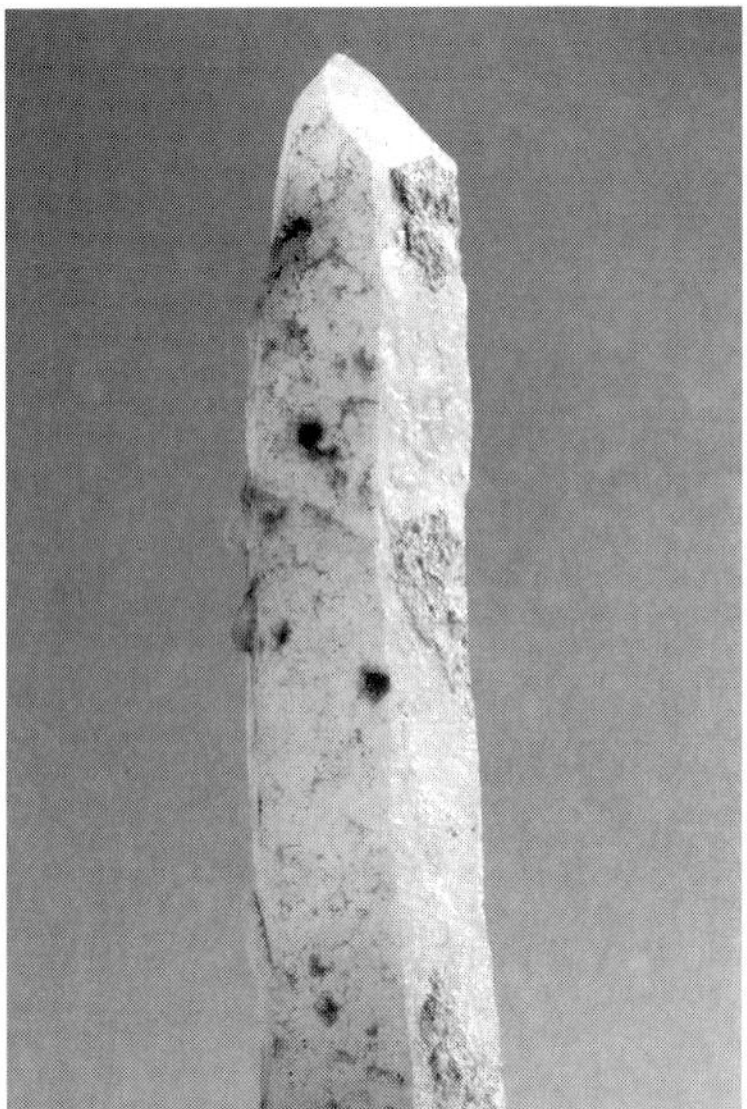

まがり水晶
産　地：岐阜県飛市神岡町神岡鉱山
大きさ：結晶の長さ約4cm

いったん機械的に折れた水晶が再成長し、結果として折れ曲がったような形態になったものの一例。ほぼ柘榴石のみからなるスカルンの母岩と、花崗岩との接触部に発達したネットワーク状の石英脈の空隙に産したもの（59ページで紹介の産状と同じ）。晶洞の内部を充填した、細かく砕けた石英片の中から採取された。

群晶

水晶及びその共生鉱物の結晶が多数集合しているもの。その形状などから、次に述べる「突鉱（トッコウ、ないしはトッコ）」「ゲス板」などと呼ばれるものも含まれる。英語で言う「クラスター　cluster」とほぼ同義。なお、日本市場で「クラスター」の語が用いられるようになったのは最近のことなので、ヒーリング系の用語と思っている人もいるようだが、それに限らず用いられるふつうの語である。

突鉱

水晶自体の剣が長く、立体的に構成される群晶。「群晶」とほぼ同義だが、一般的に水晶のみで構成され、全体として造形に優れたものに用いられることが多い。おそらく、もとは甲州の水晶掘り師、宝飾関係者の間で使われた符丁と思われる。このように、かつての鉱山関係者の現場用語で、鉱物趣味の世界に生きているものは少なくない。「トッコ」とも表記する。

ゲス板

水晶の大きさ長さが比較的均等で、平面的に構成される群晶。水晶以外の鉱物を伴った、金属鉱床や花崗岩ペグマタイト[4]のものに多く使われる。前出の突鉱とは区別される。

[4]ペグマタイト
揮発性成分に富んだマグマ残液から固結した、粗粒の鉱物よりなる岩石。一般的に花崗岩ペグマタイトの意で用いられ、水晶、長石、雲母、トパーズなどの巨大で美しい結晶を産するため、鉱物コレクターにとっては、あこがれの対象となっている。

群晶

産　地：宮崎県児湯郡西米良村板屋

大きさ：写真の左右約10cm

砂岩中の石英脈から産した群晶。脈と群晶の関係については54ページの解説を参照のこと。この産地は、90年代前半に再発見され話題となった。水晶以外の鉱物を伴わず、強いテリと高い透明度が魅力的である。

突鉱

産　地：山梨県甲府市水晶峠

大きさ：高さ約9cm

「突鉱」という呼称が用いられる場合、こうした成りのよい水晶峠のものが思い浮かべられることは多いのではないか。「突鉱」ないしは「トッコ」という呼び名には、「群晶」にはない来歴が感じられる。

ゲス板

産　地：兵庫県姫路市家島町家島諸島

大きさ：写真の左右約6cm

花崗岩ペグマタイトのゲス板。花崗岩ペグマタイトの晶洞では、白雲母などの鉱物が伴われることも多いが、この標本はほぼ水晶と長石のみからなる。中央に大きく写っているのが微斜長石 Microcline、その根元に黒水晶の頭が見える。

このように並べてみると、これら形態を示す語が、ただ外見上の特徴をいうだけでなく、その水晶がどのような条件で成長したものか、地質的な来歴はどうか、という推論とも関係しあっていることが分かる。およそ「俗称」ではあるが、その使われ方は、後述する水晶の産出条件と無縁ではない。もちろん「ある程度は」というものだが、地質的な来歴や生成条件などといった石の背景が、鉱物蒐集の重要な要素になっていることは見てとれると思う。ここに、コレクターが産地にこだわる根拠がある。

美術や骨董の鑑賞になぞらえていうのならば、ものそれ自体の見た目を楽しむだけでなく、それを作った作家の個性や人生、あるいは作られた時代背景や技術史などを知ると、より味わいが増すといったことに似ている。そのような営みのなかに「学」との接点があるのは、むしろ自然なことだろう。鉱物の場合、こと一九六〇年代まではアマチュア・コレクターの営みと研究者や教育者の間は地続きであった。現在でも、かつてのようにではないものの、アマチュア・コレクターと研究者との関係は、理科系の学問分野のなかでも良好に続いているといわれている。

双晶の楽しみ

「双晶」の人気は高い。双晶をなす鉱物は、水晶に限らない。また水晶の双晶にもさまざまなものがあるが、「日本式双晶」[5]は、とくに人気がある。カラー前口絵6番の標本は、この本のなかで最も評価額の高いものだ。近年、国内の水晶産地には採集者が殺到し、現地の荒廃が複雑な問題となっているが、こと日本式双晶が採れるという産地情報は「取扱注意」だ。口コミで広がりだしたら、もう止められない。

双晶は、結晶学的には「特定な結晶面あるいは結晶軸に関して互いに対称的であるように2個の結晶が結合したもの」と定義される（『地学事典』平凡社、一九七〇）。二つの結晶が結合しているだけではだめで、対称面（双晶面）か対称軸（双晶軸）がなければならない。二つの水晶が双晶であることをいうには、結晶面の方位を計測し、幾何学的に対称であることを証明しなければならない。またさらに学問的に「双晶」であることをいうには、X線回折を用いて対称性を確かめる必要がある。もっとも、アマチュア・コレクターの手が届く範囲は、結晶の外見を見て「双晶」だと判断できるものに限られる。とりわけ「日本式双晶」は誰の目にもよく分かる。それこそ「対称」という概念を説明するために持ち出してもいいほどだ。柱面が平行であり、結晶軸同士の角度も見やすい。加えて、84度34分という直角に少し足りない角度も、直感的に把握しやすい。コレクターの間では、双晶は「ツイン」と符丁のように呼ばれることがある。そして

[5]日本式双晶
「日本式」の名は、甲斐国産のすばらしい標本にちなんでつけられた。命名は一九〇五年、ドイツのゴールドシュミットによるとされる。海外でも人気があり、Japanese Twinの名は国際的に用いられるが、フランス人だけはこの名を使わない。最初、フランス、ドフィネーDauphineのラ・ガルデットLa Gardetteで発見されたものの命名されずにいたためである。彼らによれば、後につけられた「日本式」が有名になってしまっただけで、本来はそう呼ばれるべきではないということである。

「ツイン」にはまっていく人々も少なからずいる。水晶では、ほかに「ブラジル式双晶」「ドフィネー式双晶」[6]「エステレル式双晶」がよく知られている。ブラジル式、ドフィネー式は一本の水晶に見える形のもの、エステレル式は日本式とやや似た、二本の結晶の結合が目で見てよく分かるものだ。ほかにもツヴィッカウ、チンワルド……といった双晶があるといわれる。いずれも20世紀中ごろまでの研究で提唱されたものだ。結晶形態に関する肉眼での観察や記載といった研究が、それ以降学問的な研究の先端からは退場し、鉱物の結晶についての研究が、よりミクロな視点から結晶構造をとらえるものにシフトする以前の知見である。

現在は、これら双晶について、国内外の愛好者によってそれぞれの定義（対称面や結晶軸の角度など）が解説され、肉眼で見分ける目安などが示されている。たとえば、光を当てながら石を動かしていくと、エステレル式双晶は二本の結晶の錐面が同時に光る、つまり平行になっている、といった具合だ。ツイン愛好者が持つ水晶の群晶には、ごく小さな赤や青の紙が隣り合った水晶に一枚ずつ貼られている。赤はエステレル式、青はチンワルド式といった目印だ。一方、研究者によれば結晶構造の対称性という見地から、これらを「双晶」とすることは疑問視されるのだが……突きつめていくと、「双晶」という概念をどうとらえるかという議論にも発展するため、筆者には判断がつきかねる。

いずれにせよ「双晶」には、幾何学的な規則性を見いだす楽しみがある。「対称」という要素はその手がかりとして好適なものだ。さらに日本式双晶にもさまざまな形態があるる。左ページや口絵の写真のような「ハート型」または「軍配型」と呼ばれるものの

[6] ブラジル式双晶とドフィネー式双晶
→コラム1「双晶をめぐって」（29ページ）へ。

日本式双晶

産　地：長崎県五島市奈留島

大きさ：写真の左右約6.5cm

乙女鉱山と並んで著名な「奈留島の日本式双晶」。『Introduction To Japanese Mineral』（地質調査所編集・発行、1970）の表紙を飾った。乙女に比べ小型であるが、ごく多数の結晶を砂岩中に網目状をなす石英脈から産した。わずかに金属鉱物を伴うだけで、ほぼ水晶のみからなる脈を形成している。

日本式双晶

産　地：岐阜県関市洞戸鉱山阿部洞旧坑

大きさ：写真の左右約3cm

小規模な産地からの日本式双晶の一例。柘榴石スカルン中の細い石英脈の空隙に立つ、小さく愛らしい双晶。こうした双晶が思いがけず見つかったときの嬉しさは格別である。鉱物採集の醍醐味のひとつだろう。

ほか、三本の結晶が結合した「鳥型」あるいは「トビウオ型」といわれるもの、「X字型」「V字型」などの名が知られている。

群晶をじっくり眺め、無数の水晶のなかから「ツイン」を見つけだすのは、とても楽しいことだ。小さなサイズの日本式双晶には、細かい産地がある。また、よく知られた産地でも見方が変わることで日本式双晶が見つかったこともある。益富寿之助『鉱物』（保育社、一九七四）に「花崗岩中にできる晶洞中の黒水晶（煙水晶）にこれをみないのはどうしたわけだろうか」（p.24）と書かれているように、花崗岩ペグマタイトには日本式双晶はないと思われていた。だが、後にごく小さな空隙の水晶から見つかった。大きく立派な黒水晶の陰で、誰もが見捨てていたものである。この発見からは大きな晶調と小さな空隙の間に形成される条件の差異があることが示唆される。これもまた「発見」の楽しみである。

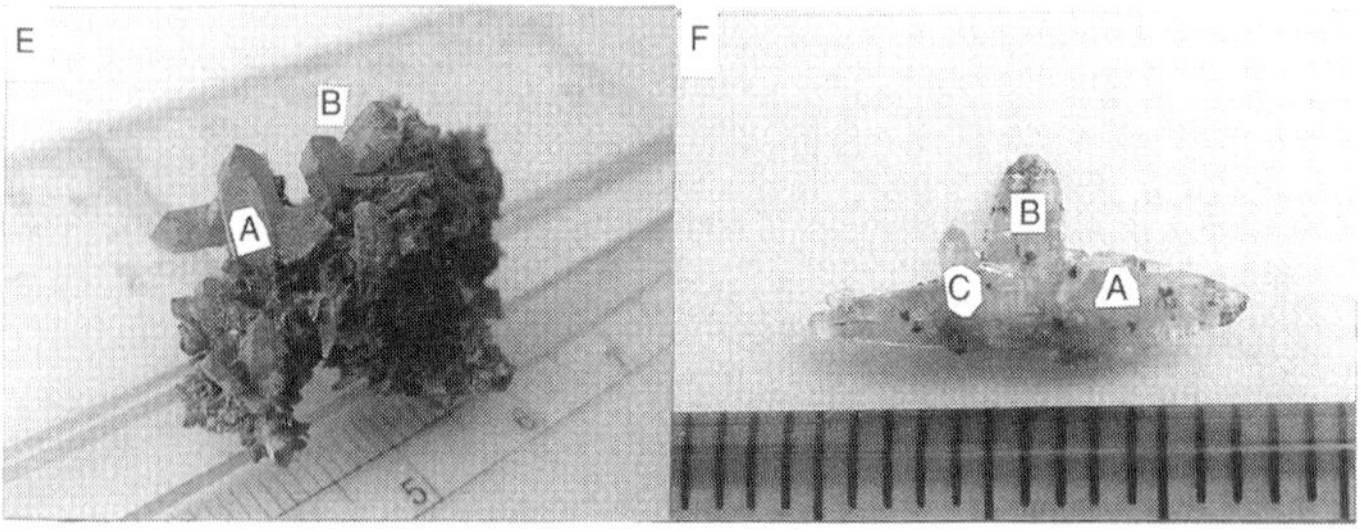

日本式双晶のさまざまな形態

角田謙朗・今井裕之『群馬県南西部三ツ岩岳産石英脈からの日本式双晶の産状』山梨大学教育人間科学部紀要、第5巻1号、2003より引用。

コラム1　双晶をめぐって

ブラジル式双晶とは、右水晶と左水晶の組み合わせからなり、結晶軸を共有して一見すると一本の水晶のように見えるものだ。対してドフィネー式双晶とは、右水晶と右水晶ないしは左水晶と左水晶の組み合わせのものである。図のように、水晶の錐面と柱面の境にx面やs面が現れていれば、肉眼で判断できる。

「右水晶」「左水晶」という概念は、鉱物の解説書でもよく見かける、ポピュラーなものだ。水晶の結晶構造が分子レヴェルでは螺旋構造をしており、それには右巻きと左巻きがあって、結晶の外形にもそれが現れることがあるというものだ。x面が現れる場所の左右、錐面上の成長丘（35ページの写真参照）などの観察により、左右どちらであるかが判断される。x面が右に出ていれば右水晶、左ならば

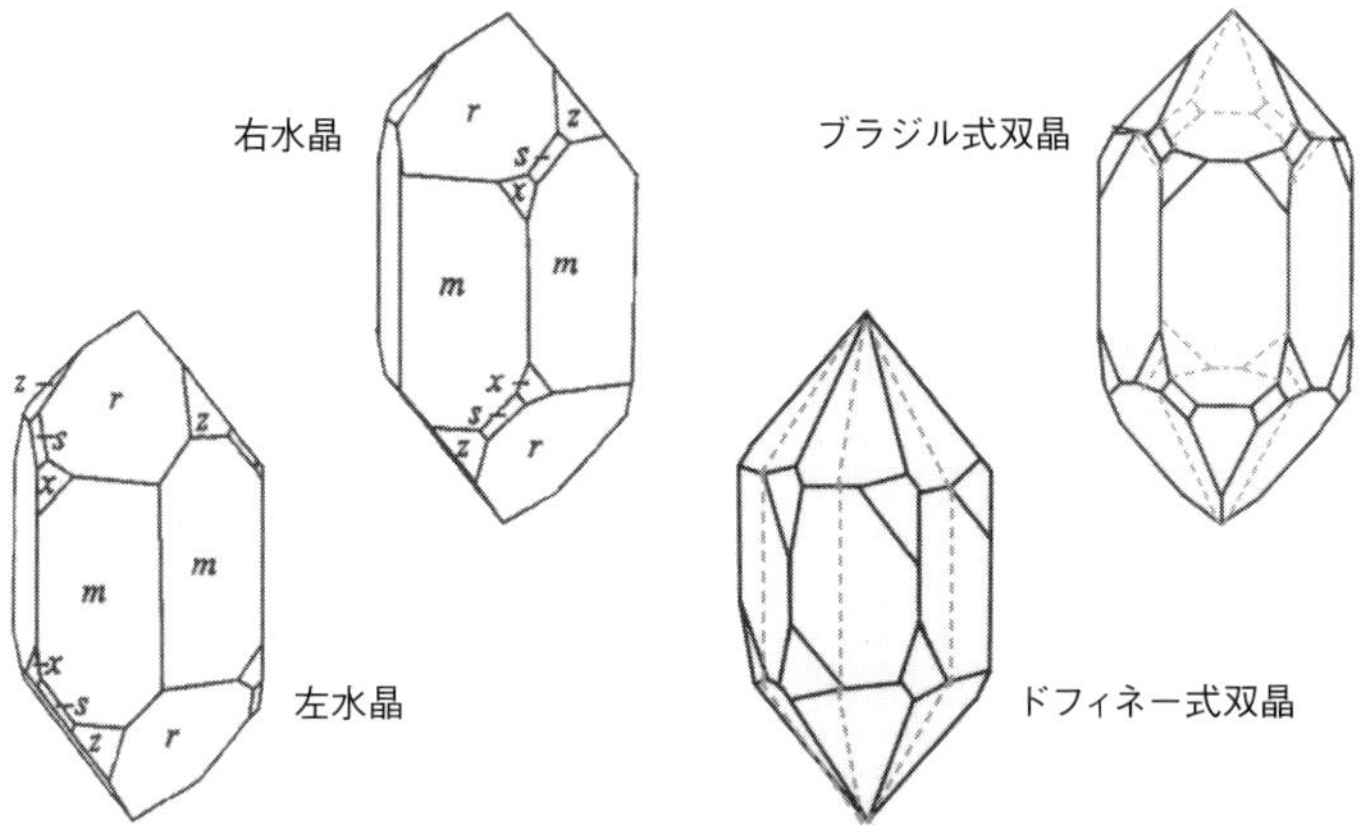

図は Harold L. Dibble "Quartz, An Introduction to Crystalline Quartz" Dibble Trust Fund Ltd., 2002, p.25, p.29 より。

左水晶である。水晶に左右があることは、よく知られている。だが、自分のコレクションに加える際、「右」「左」を気にするひとはまずいない。ドフィネー、ブラジルの双晶に注目するとき――図のように、どの柱面も右側（ないしは左側）だけにx面、s面を見せていればドフィネー、両肩に面の見える柱面がひとつおきに出ていればブラジルである――に限って、多少は意識される程度だろう。

数百本、数千本の水晶を見てきた経験からいえば、一目で「ブラジル式双晶だ」と判断できる水晶は極端に少ない。筆者（伊藤）の経験だと、ソウルの紫水晶専門店で見かけた白水晶が唯一である（x面、s面が見事に「ハ」の字になっていた。産地不明のため購入はせず）。逆に「これはドフィネーだ」とすぐわかる水晶はそれなりに見ている。ところが、この出現比率は正しくない。どれだけ「水晶を見てきた」と胸を張ったところで、それはあくまでも目で見てはっきり分かる範囲のものが記憶されているにすぎないのだ。実際には、多くの水晶の結晶構造を分析した結果から、ブラジル式双晶はむしろ普通にあることが分かっている。肉眼では分からないブラジル式が多いというのが「科学的事実」なのだ。

また、研究者によれば、紫水晶は産地を問わずブラジル式ばかりでドフィネー式はなく、岐阜県苗木地方の花崗岩ペグマタイトから産する水晶はドフィネー式ばかりでブラジル式は極端に少ないという。学問の場では、双晶の出現頻度は、このように産状ほかの条件とも関連づけられ、考察されている。

私たちコレクターの視線は、おのずと目に見えて美しいもの、珍奇なものに向かう。それゆえ視界に限界があることは自覚しておいてもよいだろう。同じ対象を扱っていても、鉱物学者はまた違ったものを見ている。双晶をめぐる知見の違いは、そんなことを教えてくれる。

「テリ」と「条線」、結晶の表面

われわれが鑑賞しているのは、水晶の自然の「面」である。すべての結晶面がそろい、逆にいえば結晶面のみで構成されているのが完全な形態であるが（そうした結晶を四周完全と呼ぶ）、多くの水晶は、どこかでほかの水晶や鉱物と接していて、すべての面を見せていることは少ない。そうしたものがマトリクスから分離すると「止まった面」が現れる。結晶面のほかに結晶成長が阻まれてできた面である。先にも記したように、水晶の「頭」や柱面の一部の欠けは、水晶の評価を大きく下げる。その際、割れた面と止まった面は区別される。止まった面は成長の過程で生じた自然のものだからである。さらに同じ割れた傷であっても、人の手に渡ってからついた新しい傷と、天然の状態でできた「山傷《やまきず》」も区別される。どちらも傷には違いないが、山傷はまだましとされる。

先に「テリ」と「条線」との間には密接な関係がある

水晶の「止まっている」面

何らかの原因で結晶の成長が妨げられた面。近傍にある水晶やほかの鉱物と成長中にぶつかり、お互いに自由に成長できなくなった結果を示す。割れ口との決定的な差異は、結晶ができてからの破損ではなく、あくまでも結晶の成長過程を示すものであるところにある。
水晶の形が大きく損なわれていても（たとえば、半分しかなかったとしても）、一部が「止まっている」ものである場合は、標本的価値を保つことがある。

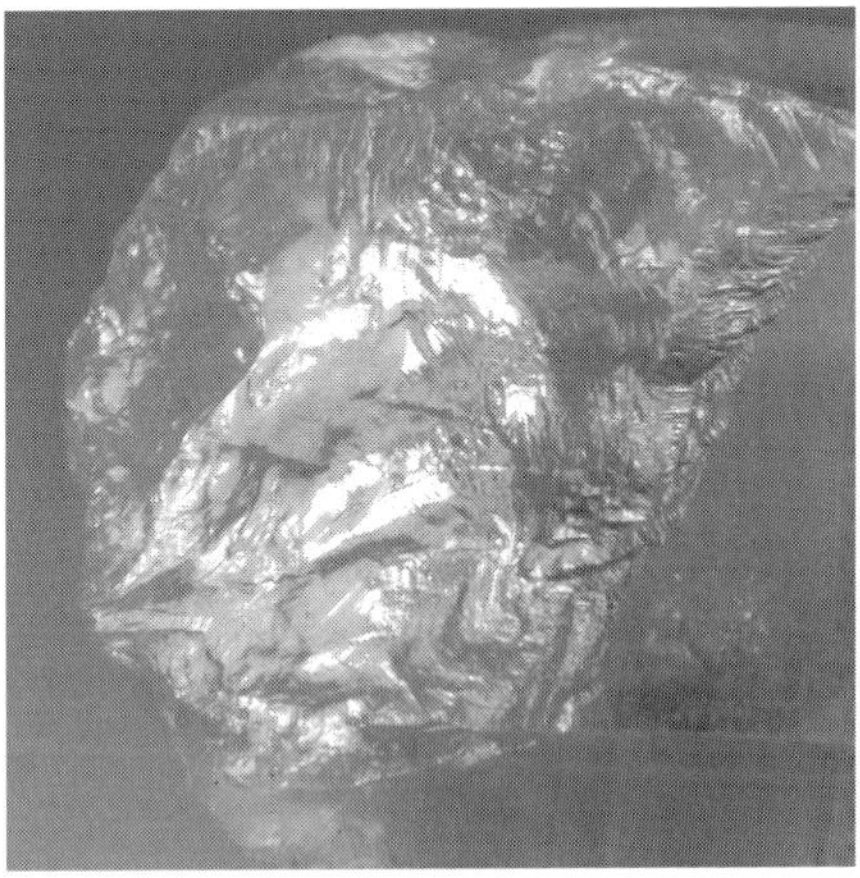

水晶の割れた面

水晶の割れた面に独特の構造は「貝がら状断口」と呼ばれる。ガラスの割れ口に似た、二枚貝の殻のような形の溝が見える。一般に割れ口は結晶面よりも光沢が強く見える。割れ口が新鮮なためであることが多いが、結晶面との違いは歴然としている。

と書いた。「テリ」とは、単なる光沢にとどまらず、表面の質感を示す語であり、「条線 **streak**」とは、水晶など一部の鉱物の結晶面に見られる、細かい凸《とつ》（段差）が平行に繰り返す構造のことだ。左ページの写真に示す通り、水晶の場合、条線は柱面ののびの方向（**c軸**）に垂直、つまり横方向に入る。これが水晶と外観の似るトパーズだと、条線は縦方向に入る。この違いは野外での採集時などには識別の手がかりとなる。

また一般に水晶の条線は直線で構成され、錐面が柱面に繰り返し細かく現れたものと考えられる。ところが、「条線」が豊かに発達した水晶の柱面は、錐面よりもずっと浅い角度の、微斜面の繰り返しが線を作っているように見える。柱面を横から見ると、ごくゆるやかに畝《うね》が繰り返しているようにも見える。しかし、さらにルーペや実体顕微鏡で細かく観察すると、その微斜面自体が錐面によるさらに細かい条線と柱面の繰り返しでできていることが分かる。とはいえ、鑑賞の範疇で「条線」というときは、肉眼で見える大きさの、柱面全体のテクスチュアを見て言っているとしたほうが適切だろう。「錐面と柱面の繰り返し」というよりも、もう少し大きなサイズの構造を見ているわけだ。鉱物学的に厳密な態度を取るのであれば、鑑賞で用いられる「条線」の語は、誤用になるのかもしれない。

写真に示すように「条線」には、一見してシャープなものから、直線的でなく、むしろ革か何かのように見えるものまである。一方、柱面に現れる錐面が発達すると、カラー前口絵7番、五代松鉱山の黄水晶のような形態にもなる。こうした条線の様子は、そ

シャープな条線の例

大きさ：写真の左右5cm

直線的でシャープな条線。シャープに見える条線でも、比較的均等な間隔で入っているもの（カラー前口絵5番、ガネーシュ・ヒマールの水晶を参照）もあれば、この写真のように、間隔にゆらぎのあるものもある。

はっきりしない条線の例

大きさ：写真の左右3.5cm

もはや直線的な条線はあまり見られないが、それでもまだ方向性の定まった線構造が認められる。

普通によく見られる条線の例

大きさ：写真の左右3cm

産地により、水晶の条線の「強さ」も変わる。普通によく見られる程度を示した。

の水晶の質感ともつながり、産地ごとの個性を形作っている。逆にいえば、産地ごとの個性、石の「ツラ」を知る手がかりになるのである。

質感、ツラといえば「テリ」である。

もともとは宝石業界で使われてきた言葉だが、鉱物趣味の世界でも面の光沢を指す語として用いられている。鉱物学の教科書や、一般向けの鉱物図鑑や入門書で解説されている「光沢 **luster**」とは少しニュアンスが異なり、光沢の強さや結晶面の質感にやや重きをおいた、より繊細な言葉として用いられている。物理量で測定できる範疇のものでいえば、屈折率や反射能といったものが含まれるのだろうが、とはいえ、この繊細さはより感覚的なものであり、「光沢」という語と違ってガラス光沢、脂肪光沢といった分類はなく、単に「テリが強い／弱い」とか、「テリが違う」といった使い方がされるにとどまっている。同じ水晶でも産地によりテリは違い、また一個の水晶でも面によってテリに違いがある。テリという言葉が用いられることで、こうした差異に敏感になるというわけである。33ページの条線の違いを説明した写真は、そのままテリの違いの説明にもなっている。一方「光沢」で記述すれば、水晶はすべて「ガラス光沢 **vitreous luster**」となる。

水晶、というよりも石英の結晶の質感は、あまたある鉱物種のなかでも、幅の大きいほうである。さまざまな産状があり、かつ大きく成長することが多いためだろう。「質感」と簡単に言っているが、それは結晶面上に現れた微細な構造にも由来する。結晶成長の過程で生じた履歴が読みとれる場合もある。

また結晶面を平滑でなくしているものは、条線ばかりではない。錐面を注意深く光にかざしてみると、面全体が一度に光るのではなく、錐面二つかそれ以上の分域からなっていることがある。一本に見えても、実は双晶をしていたりといったことのためだ。さらに、錐面には写真のように「成長丘」が残っていることもある。つまり、錐面が完全に平滑なものは、まず人工的に磨いていると思っていい。そうした水晶をよく見ると「頭」の角度が微妙におかしかったりすることもよくある。結晶表面に関する話は、このあたりから専門的な鉱物学、結晶学の領域に入る。

ここで、水晶そのものではないが重要なもの

成長丘（電子顕微鏡写真）
大きさ：写真の左右約2mm
提供：東北大学理学部

成長丘を示す水晶
産　地：Polar Ural, Russia
大きさ：写真の左右約7cm
錐面上に、円錐上のもりあがりがあり、その中央にはわずかな突起が認められる。上の電顕写真と同様、角をひとつ欠いた二等辺三角形を基調とする。これは、結晶が成長する過程を記録しているものと考えられる。

として、「かぶり」についても触れておこう。水晶の上にほかの鉱物のごく細かい結晶などが乗っているものだ。美観を損なうこともあるが、逆に魅力的な彩りを添えてくれる場合もある。水晶が晶出した後の溶液から生成したものである。よく見られるものに、白雲母や方解石（ないしはほかの炭酸塩鉱物）がある（第2章105ページ参照）。また褐鉄鉱のかぶりなどは、汚れとして酸で溶かされてしまうこともある。

「かぶり」が重要なのは、その魅力は脇においても、産状に関わる情報をそこから読みとることができることだ。たとえば、「かぶり」が結晶のある面にしかなく、反対側には付着していないものの場合、晶出時の溶液に流れがあったか、かぶりのない面が下になっていたということが推測される。さらに、一見すると見落としそうなわずかな「かぶり」には、むしろ産地ごとの特徴が出やすい。また、結晶面にほかの鉱物が食い込んでいるように見えるものの場合は「食っている」という言い方もされる。

玉滴石による「かぶり」の例

産　地：岐阜県中津川市蛭川田原
大きさ：写真の左右約14cm

花崗岩ペグマタイトの晶洞から得られた黒水晶。「かぶり」となっている玉滴石は、二酸化珪素に水を含むオパールの一種で、紫外線で緑色に蛍光を発することが多い。このように、「かぶり」を形成する晶出最末期の鉱物は、水など揮発成分を含むことが多い。この標本でも「かぶり」が水晶の片側だけに付着していることに注意。

白雲母による「食い」の例

産　地：群馬県桐生市梅田五丁目
大きさ：写真の左右約1.2cm

細かい白雲母が水晶の結晶面に食い込むように晶出している。やはり片側に集中し、写真で裏側になっている面にはほとんど「食い」は見られない。このように白雲母の細かい結晶を伴う水晶は、「グライゼン」（石英と白雲母を主とする変質岩の一種。比較的高温の熱水作用によって形成される）と呼ばれる産状の一般的な例である。55ページ下写真の群晶の部分接写。

インクルージョンの楽しみ

「色」は水晶を魅力づける大きな要素だが、インクルージョンによらない水晶の着色には、実のところあまりバリエーションがない。紫水晶、煙（黒）水晶、それに黄水晶と紅水晶がいくらか、という程度だ。さまざまな名前がつけられ、親しまれているのは、やはり多様なインクルージョンのほうである。内部にインクルージョンを持つ水晶は、日本語では「～入り水晶」と呼ばれることが多い。内包する鉱物の形状によって「草入り」「まりも入り」などの名前がつけられる。これはもちろん「俗称」ではあるが、「愛称」といったほうがしっくりくる。また、英語圏での名称が輸入されたものもある。たとえば、日本で「苔入り」といわれるものが「ガーデン水晶　Garden Quartz」になるという、彼我の感覚の違いも面白い。

草入り（ススキ入り）

角閃石、電気石[7]の毛状～針状結晶が、草が入っているように見えるもの。一面にこみ入って入っているよりも、やや粗めに入っているほうが「草入り」の印象が強い。山梨県甲州市（旧・塩山市）竹森産の苦土電気石の褐色針状結晶を含むものは、とくに「ススキ入り」と呼ばれ、あたかもブランド名のごとく扱われている。

[7]角閃石、電気石
水晶中のインクルージョンで、針状または毛状で透明感のある鉱物があれば、まず角閃石グループの鉱物を疑い、次に電気石グループではないかと考えるのが普通である。微細なものや、結晶の端面がはっきりしないものでは、電気石か角閃石かの区別もつきにくいこともある。一方、角閃石も電気石も、各々の鉱物グループは多くの鉱物種に分けられている。鉱物種は化学組成に基づいて細かく定義され、肉眼での区別は困難であるため、機器分析を経ないと鉱物種を決定できない。また、ひとつの結晶のなかでも、別の鉱物種の定義に相当する部分が見られること（たとえば、結晶の芯の部分は透緑閃石 Actinolite、結晶表面の薄皮一枚はエデン閃石 Edenite である、といったこと）も普通にある。それゆえ、通常のコレクションの範囲では、種類にあまりこだわりすぎないほうがよい対象といえるだろう。

草入り水晶

産　地：宮崎県西臼杵郡日之影町
尾小八重（オシガハエ）

大きさ：写真の左右約5cm

スカルン中の晶洞から採取された草入り水晶。2006年、彗星のように一瞬市場に姿を見せ、たいへん強いテリと、密にならず疎にならず、水晶全体に均等に散った「草」の入りようで注目された。この品質のものはわずかひとつの晶洞から得られ、すでに得難くなっている。「草」の正体は未分析のため不明だが、角閃石族鉱物（おそらく透緑閃石）と思われる。カラー前口絵写真11番と同一標本の接写。

ススキ入り水晶

産　地：山梨県甲州市塩山竹森

大きさ：結晶の長さ約6cm

竹森は明治時代から有名な水晶産地である。印材、宝飾用の水晶採掘は大正時代にはすでに終わっていたと伝えられるが、その後も水晶の産出は続いた。「竹森のススキ入り水晶」のさまをよく見せている標本。針状～長柱状の苦土電気石の方位に規則性はなく、またときに水晶表面から飛び出したり、さらに貫通することがある。竹森の水晶には、苦土電気石のほかに緑泥石（苔入り）や、白雲母、金属の硫化鉱物などを内包するものが知られている。

また、この手の針状鉱物を内包するものでは、ルチル（金紅石）[8]入り水晶がポピュラーだろう。ブラジル産のものが市場によく出ていて、人気もある。このような形のルチル入り水晶は、残念ながら日本ではまだ知られていない。ただ微細なルチルを内包するだけのものはいちおう知られているが、現在のところそれにとどまっている。

星入り・まりも入り

かつての「星入り」（現在のまりも入り）の球体と違い、現在「星入り」と呼ばれているものは、鉱物の毛状～針状結晶が平面的に集合し、マンガの星の形のように見えるものだ。ホランド鉱（Hollandite バリウムとマンガンの酸化鉱物）の内包による「星入り水晶」が近年では比較的よく知られている。かつては、大分県尾平鉱山の特産（カラー前口絵3番参照）のものが「星入り」と呼ばれていた。北海道釧路市阿寒湖の毬藻が全国的に有名になるにつれ、「まりも入り」と呼称されるようになったのである。青灰～緑灰色の小球が水晶に閉じこめられたさまは、なるほど湖底の毬藻を彷彿とさせる。「まりも」の正体は、球状に集合した緑石で、さらに細かくは緑泥石族[9]のクーク石 Cookiteであるとされる（堀秀道氏による）。球状の緑泥石と水晶の組み合わせ自体はときに見られるが、「まりも入り水晶」に限っては尾平鉱山以外にあまり目立った産出を見ないのはなぜなのだろうか。

[8]ルチル
Rutile　二酸化チタン鉱物のうち、もっともポピュラーなもの。微細な結晶に鮮やかな赤色のものがあり、また金色に見えるものがあることから、「金紅石」と名づけられたのだろう。大きな結晶では赤みがかった黒色亜金属光沢のものが多く、文献には青色や暗緑色のものの存在も記されている。二酸化チタンの鉱物には、ほかに結晶構造の異なる鋭錐石 Anatase、板チタン石 Brookiteの二種がある。

[9]緑泥石
Chlorite　緑泥石も、38ページの角閃石、電気石と同じく、似通った構造を持つ鉱物をグルーピングして「緑泥石族」として扱われる。クーク石は、そのうちでリチウムを含むもの。「緑泥石族鉱物のうちのどれかである」という以上の肉眼での種別は困難。多くは結晶をしても鱗片状であり、緑色系の地味な色彩であるため、コレクタブルとしては、むしろ「渋い」趣味に属する印象がある。そのぶん、電気石や角閃石に比べると種類を揃えることに対するこだわりもあまり聞かれない。

ルチル入り水晶

産　地：Novo Horizonte, Bahia, Brazil
大きさ：結晶の長さ約10cm

ルチル入り水晶といえばブラジル産である。とくにこの標本の産地が著名だが、産出した時期により、少しずつツラが違う。この標本のような金色のルチルが散在するものは1970年代後半から80年代に主に売られていた。

星入り水晶

産　地：Fianarantsoa, Hazototsys
Madagascar
大きさ：結晶の高さ約4cm

2004年ごろから市場に出回りはじめ、わりと安価に手に入る「変わり水晶」のひとつとなった。この産地の特産である。ホランド鉱 Hollandite からなる「星」をよく見ると平面上に並んでおり、それは結晶面と平行である。つまり「山入り」の山の上に着生している。黒く微細な毛状結晶の集合のため、蜘蛛水晶 Spider Quartz という、日本人にはあまりありがたくない呼び名もある。

苔入り（ガーデン水晶）

草入りと違い、内包する結晶が微細で、森林の地面に生える苔のような外見から「苔入り水晶」とされる。内包される鉱物の多くは緑泥石族である。植物の苔も色、形にさまざまな種類があり、それに見たてる水晶中の「苔」も、決まりがあるわけではなく、何となくそう見えれば、これに当たるというほどのものである。英語圏では古くから「ガーデン・クオーツ」と呼ばれるが、この場合は全体に均等なものよりも、カラー前口絵写真5番の水晶のように、スカッと透明な部分との境界が目立ったほうが、より水晶の中に凍りついた庭園という感じがする。

金属鉱物入り

水晶中に硫化鉱物が内包されているもの。磁硫鉄鉱入り、黄鉄鉱入りが最もよく見られるが、黄銅鉱、方鉛鉱、閃亜鉛鉱など、コモンかつ水晶とよく共生する鉱物は知られていない。これらの鉱物の晶出時期、温度などと関係しているのだろうか。一方、毛鉱 **Jamesonite**、コサラ鉱 Cosaliteといった変わった鉱物入り[10]の水晶がときに産出し話題となるが、分析し鉱物種を同定するには水晶を破壊せねばならず、もったいなくて不明のままになっていることも多い。

[10]変わった鉱物
ここで「変わった」と言っているのは、日本の鉱物コレクターの感覚に照らして、というほどの意味である。毛鉱は鉛・鉄・アンチモン・硫黄からなる鉱物、コサラ鉱は鉛、ビスマス、硫黄からなる鉱物である。乙女鉱山や高取鉱山のような、日本のタングステン鉱床やモリブデン鉱床から産する、水晶に包有された毛状や切り屑のような形の銀色の鉱物は、コレクターの間ではたいがい調べずに「まあ、コサラ鉱か何かでしょう」と片付けられていることが多い。実際に何かはよく分からない。

黄鉄鉱入り水晶

産　地：山梨県甲府市乙女鉱山

大きさ：写真の左右約1.5cm

インクルージョンである黄鉄鉱の結晶形がはっきり分かるよう接写した。条線を透かして、黄鉄鉱が浮かんでいるように見えるさまが伝わるだろうか。明治期に水晶球をとるために採取された時期のもの。水晶自体の大きさは約18cmある。

毛鉱入り水晶

産　地：長野県南佐久郡南相木村栗生《くりう》

大きさ：写真の左右約7mm

和名の通り、黒い毛のように見える毛鉱Jamesoniteを含む水晶。毛鉱はアンチモン、鉛、硫黄からなる金属鉱物で、一般に鉛黒色のごく細い針状か毛状の集合で産することからこの名がある。日本では埼玉県秩父鉱山や大分県豊栄鉱山のものが著名で、豊栄鉱山では蛍石に内包されるものも知られている。毛鉱入り水晶はあまり知られておらず、90年代にこの産地のものが紹介されたときには話題となった。なお、アンチモニー鉱物のインクルージョンとしては、米国産（Bottomley Prospect, San Jacinto District, Pershing Co., Nevada）の輝安鉱入り水晶が知られてはいるが、こちらも稀少なようである。

山入り

水晶の中に水晶が入って見えるようなものを、「山入り」ないしは「ファントム」と呼ぶ。頭のほうがすっと透け、内部に不透明な「頭」が見える形が一般的だ。濁って見える「山」にはインクルージョンが多く、それを覆う外側の水晶には少ないということだが、結晶は核から外側に向かって成長する。その過程での条件変化を記録したものと考えられる。変化の過程が年輪のように記録されていることは「累帯構造」または「ゾーニング **zoning**」と呼ぶ。

水入り・泡入り

水晶の中に液体が包有されているもの。結晶の中の空隙が液体だけで満たされていたのでは、外から見て分からない。よって、一般に「水入り水晶」は液体と気体の両者を包有する。水晶を傾けると、「水」の中の「泡」が内部の空隙をなぞるように動く。ときにはトリッキーな動きをするのも楽しい。英語では、**two phase inclusion** ともいう。

山入り水晶製印

産　地：山梨県甲府市水晶峠
大きさ：印の径約1cm

印材として加工されたもの。水晶峠の「山入り」は、明瞭さ、色彩ともに一級品で、山梨の水晶を代表するもののひとつである。この印は、側方よりの観察ではうかがい知れない「山」の内部の累帯を見せている。

山入り水晶

産　地：Espirito Santo, Francisco Dumont, Minas Gerais, Brazil
大きさ：結晶の高さ約10cm

内部の不透明な水晶は白色であるが、ほかの鉱物のインクルージョンによるものか、流体包有物などによるものか、見ただけでは判然としない。そこに生えている木々が何かは分からなくとも、遠くから眺める山の稜線は厳しく美しい。

コラム2　コレクションの分類と鉱物種

ショップやショウなどではじめて鉱物標本を目にした人から、いちいちラベルがついているのが面白いという感想を聞いたことがある。鉱物名が英名、和名で両表記され、産地も細かく書かれるといったことが律儀な感じがして面白いのかもしれない。筆者のような古手のコレクターからすれば、ラベルはついているのが当たり前で、そうした感想のほうが新鮮に聞こえる。

一方、最近では、産地にあまりこだわらず、ラベルなしの販売の多いヒーリング系のショップでも、産地を気にかけるお客さんが増えてきたという話も聞く。水晶など鉱物を集めていくうち、産地ごとの特徴が見えてきたのだろうか。「産地」が、ひとつひとつの石を楽しむ重要な要素であることがあらためて発見されているようでもある。

コレクターが産地にこだわるのは、産地による違いをバリエーションとして楽しむためばかりではない。その背後には「鉱物標本」を自然を知る手がかりとして見る態度がある。化学組成による鉱物分類がよく用いられるのも、その別の表れだろう。

元素鉱物から、硫化鉱物・硫塩鉱物、酸化鉱物、ハロゲン化鉱物、炭酸塩鉱物、硝酸塩鉱物、硼酸塩鉱物、硫酸塩鉱物、タングステン酸塩・モリブデン酸塩・クロム酸塩・テルル酸塩鉱物、燐酸塩・砒酸塩・バナジン酸塩鉱物、珪酸塩鉱物、有機鉱物まで、この順番で分類・整理される。さらに珪酸塩鉱物は基本構造により細分される。世界のどの国でも、博物館や図鑑などではこの分類法が基本にあり、陳列棚の前でお目当ての鉱物を探すにも、だいたい見当がつく。自然金や自然蒼鉛といった元素鉱物を見たいと思ったら、すっと棚の端のほうへ動くのである。かつては、この分類に沿う標本店も多く、古手のコレクターにとっては、基本的な知識というよりは、身体に染みついているという感じなのだ。もっとも、学問的には体系的に細かくコードを振った分類（Nickel-Strunz Classification）もあるが、そこまで踏み込んでいるコレクターはまずいない。意外に思われるかもしれないのだが、実はコレクターでも、真に鉱物学や結晶学を理解している人はほとんどいない。筆者らにしても、いちおう専門の学科を卒業してはいるが、学部しか出ておらず、実のところ心許ない。だからこの本を書くにあたっては、あらためて勉強をし、研究者に取材もして、誤りのないようにした。自分たちの経験だけで物を言わず、できるだけ最新の学問的知見を参照するようにしているのである。

話を戻そう。化学的な分類がオーセンティックなものとしてあるとしても、個人のコレクションが必ずこれに縛られることはない。たとえば、国産鉱物に特化したコレクションでは、都道府県別の分類がよく行われる。また、自分が住んでいる地域の鉱物に特化したコレクションであれば、もっと細かい産地ごとにまとめた整理もある。逆にいえば、分類や整理のありようには、人それぞれの個性が出る。

分類法自体はオーセンティックでも、ひとつひとつの標本の吟味まで含めてみれば、すべて個々人の「作品」ということはできよう。その意味では、ベテランのコレクションを見せていただく機会は得難く幸福な経験である。「凄み」を感じることすらある。それはセンスや才能といった話でもあるのだが、いかに良い標本を持っているかということにとどまるものではない。もちろん、標本ひとつひとつの品質は重要だ。けれど、人がそれぞれに持つ人生上の制約や幸運のなか、コレクションをどう作り上げてきたかという軌跡に感じ入るのである。ここにいたり、オーセンティックな化学的分類が、私たちの足場となる共通の枠組みを提供するものということが分かる。また採集にせよ、購入にせよ、いずれの方法であれ、手元に鉱物が集まってくるにつれ、次第に自分の方向性や好みが見えてくる。自分なりに整理し、並べてみることで、よりはっきりしてくる。ある標本が手に入ったことによって、その後の方向が決まることもある。

さて、鉱物趣味をはじめて、図鑑やウェブなどを見て鉱物の世界の多様さを知るうち、まずは種類を増やしたいという方向に振れるのは、わりと自然な道行きだろう。さらに種類にこだわるうち、稀産種や新産鉱物が欲しくなってくるのも道理だ。自分が持っている鉱物種のリストを作るのは、とても楽しいことだ。ところが、ここで少々厄介な問題に出くわす。本文でも幾度となく記している「分析しないと鉱物種が分からない」という事態である。目の前にある鉱物を「何」と呼んでいいのか分からない場面だ。自分で採集をするのであれば、鉱物種の同定が必要なのは当然だが、すでにラベルがつけられた購入品であっても、その「鉱物名」が何を意味するのかということはついてまわる。

この話が面倒なのは、珍しい鉱物に志向が振れた人に限らず、誰であれ、細かく定義された鉱物名にいきなり出会うということだ。ショップのウェブサイトや店先を見渡してみれば、何でもいいが、たとえば「弗素カニロ閃石 **Fluor-cannilloite**」といった鉱物名がわりとすぐに目に入ると思う。中国産やヴェトナム産の、純白の石灰岩中に映える鮮緑色の結晶が出回っているものだが、「どういうものですか」と尋ねられても、角閃石族の命名と分類に関する定義に照らして答えるよりない（なお、鮮緑色は不純物――この場合は鉱物種の定義とは関係ない成分というほどの意味――のクロムによるものであるため、「きれいな緑色の角閃石」というのは説明として誤りとなる）。「いきなり」そこに行ってしまうのである。言い換えれば、目で見て判断でき、日常的な言語で呼べるような「名前」がない。また、先の「弗素カニロ閃石」にしても、誰かが分析を行って種類を決めた標本からの類推で、その産地の同じ産状で似た特徴のものはそう呼んでいいだろうという判断がされているにすぎない。そのうえ、ときに学界での再定義によって鉱物名が変わることがある。角閃石族の鉱物についても、分類と命名の見直しが幾度かなされており、対象は同じでも、名前だけが変わることがある。

こうした事情があるため、古手のコレクターで、「珍しいものは面倒だからもういいよ」と言う人はよくいる。とはいえ「いろんな種類の鉱物が欲しい」という欲望や、それを整理して楽しみたいという気持ちがなくなってしまうわけではない。やはり欲しい。そんな欲望がある以上、私たちは鉱物学的な命名の定義に頼らざるを得ない。そこで、自分の目で見て判断できるものと、それが不可能か極めて困難なものとの間で揺れ動く。標本ひとつひとつをめぐって、これならば納得できるからいいか、と思ったりもする。見て分からないものは空しくないか。いやでも、というわけだ。

鉱物コレクションは、こうした揺れのなかで続けられているのである。

科学的な標本評価

　ここまで、美的な鑑賞に添って解説を試みてきた。ところが、話を美的な鑑賞に限ろうとしても、結晶学的な側面や結晶成長の過程などに、おのずと触れることになる。そこが鉱物の面白さだ。とはいえ、この本では学問的な知見に必要以上に踏み込むことはあえて避けている。また、硬度や結晶系など一般的な性質については、すでに入門書が多数ある。関心のある方は、ほかの解説書をあたっていただきたい。

　さて、美的な鑑賞と科学的な知見がおのずと重なるということは、鉱物標本の「鑑賞」には「科学的評価」が含まれると言い直すことができる。これは水晶に限った話ではなく、鉱物全般に関わる話だが、この章で触れておくことにしよう。そこで、アメリカのコレクターと学芸員向け雑誌 **"Mineralogical Record"** 誌編集長、ウェンデル・ウィルソン **Wendell Wilson** 氏の論文をもとに、美的な鑑賞と科学的な標本の評価について、あらためて整理してみた。興味深いのは、ウィルソン氏が「科学的な評価」と言っておきながら、標本を評価する能力――鑑定眼――については、データや機器分析に還元することはできず、ある個人の力量に負うものだと明言していることだ。

　そうはっきり宣言したうえで、ウィルソン氏は「よい標本」の条件を提示する。まず大原則として、「目に見える」ということ。対象となる鉱物それ自体が目に見えるか、適当な拡大装置を使えば見ることができることが条件とされている。そして、鉱物種の正確な同定が必要条件とされる。

「水晶」と称されるものであれば、この二つの条件はクリアしている。

またこの本が、鉱物の鑑賞を解説するのに、多種多様な鉱物種を紹介すること――それはそれでたいへん楽しいことだが――を避け、限られた、よりコモンな種に寄り添っているのは、実のところこの原則による。

昔からコレクターたちは（筆者も含めて）、肉眼では見えない、砂粒のような、あるいはもっと小さなサイズのものでも、それがレアな種であればコレクションの対象としてきた。なかには、ルーペを用いれば50ミクロンまではどうにか判別できると語るベテランもおられる。ただし、私たち市井のコレクターがそうした標本を扱うことができるのは、誰かによって――機器分析を用いて、多くはプロの研究者によって――同定された先例があるからだ。同じ産地、同じ条件のものであれば、確実に同定されたものとの比較によって、どうにかその種であると推定されるのである。しかし、ウィルソン氏は私たちのこうした楽しみを「ヴァーチュアルなもの」とし、「実際の標本を見ての評価ではない」と釘を刺している。


一方、ウィルソン氏は、美的な鑑賞が対象とするものを「見えるもの」とし、科学的な方法でとらえられるものを「見えないもの」と対比させたうえで、「見えないもの」が、「見える形をとっていること」に評価の中心を求める。この整理は、たいへんクリアなものだが、そう考えることができるのは、目に見える結晶の外形はその内部構造を

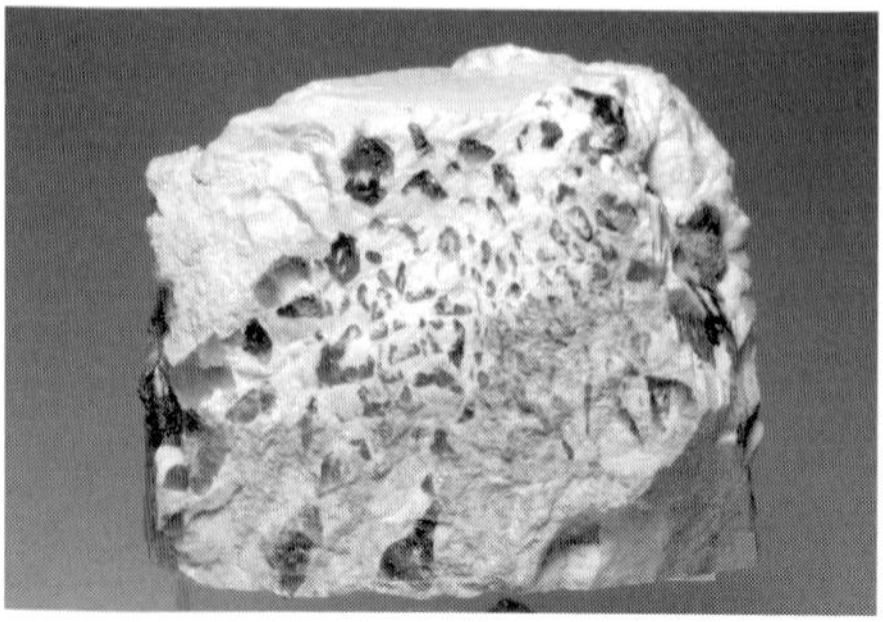

文象模様の一例
産　地：岐阜県中津川市蛭川田原
大きさ：写真の左右約8cm
色が暗く写っているところが石英、明るい部分がカリ長石。

明確に現すという、まさに科学的な大原則のためである。
そもそも、X線回折によって結晶構造を直接知ることができるようになるまで、鉱物学は結晶の外形の規則性から、内部の微細な結晶構造を類推していた。つまり、結晶を手に取り、観察し、記述することが、そのまま科学的な真理の探究へと向かっていたわけである。その原則、外形と内部構造の関係自体は、当然、現在でも変わらない。

さらに、鉱物相互の関係がはっきり見えていることが、「よい標本」の条件とされる。それは、その鉱物がどのようにして生成したものかを知る手がかりを与えてくれるからだ。たとえば、ペグマタイトの「ゲス板」。この場合、水晶は長石の結晶とかみあって成長している。また「ゲス板」を裏返してみると、そこに「文象模様」と呼ばれる構造が見られることがよくある。石英の結晶と長石の結晶が組み合い、クサビ形文字のように見えるものだ。これは長石と石英がほぼ同時に晶出したことを示している。この本でも「ゲス板」を紹介するのに、水晶ではなく長石を主にして写真を撮影している（23ページ下段）が、それは随伴鉱物との関係を強調してのことである。

もうひとつ例をあげると、水晶の「かぶり」もまた随伴鉱物である。水晶の表面には、白雲母や魚眼石[11]がかぶっていることがある。「かぶり」が白雲母であれば、晶出した溶液中にフッ素やアルミニウムが存在したことが示唆される。また、「白雲母のかぶりがあれば、花崗岩の関与のある石英脈だろうな」ということが経験的に類推される。

ここで、いわゆる「母岩つき」がなぜ尊ばれるかが理解されるだろう。ちなみに、日

[11]白雲母や魚眼石
白雲母 Muscoviteはカリウム、アルミニウム、水を含む珪酸塩鉱物、魚眼石Appophylliteは、カリウム、カルシウム、水（と／またはフッ素）を含む珪酸塩鉱物である。水やフッ素は、揮発性成分としてとらえられる。

本語で「母岩つき」とは、英語でいう"on matrix"にほぼ相当する。"matrix"という語は、辞書的には「化石や結晶などが埋め込まれている、自然の土や岩」という意味だが、英語圏での用いられ方をみると、複数結晶だけが組み合っているものも"matrix"と呼ばれている。逆にいえば、"matrix"ときれいに対応する日本語はないということになる。また「母岩」の正しい訳語は"host rock"である。この本で「マトリクス」というカタカナを用いているのは、この理由による。

これら「科学的な」評価項目は、標本に対する観察の手がかりそのものでもある。標本の中心となっている水晶（や、ほかの目的鉱物）だけを見るのではなく、随伴する鉱物も含めて見ることが重要だ。ショウやショップなどで、ベテランコレクターが標本を丁重に裏返して見ている姿を目にして不思議に思った人がいるかもしれないが、彼はそこで、鉱物の組み合わせや母岩（この場合は語義通りの意味）を見ているのである。

こうした観察は、地球科学との接点でもあるが、同時に産地推定や採集に関わる、コレクターとしてのスキルでもある。「鑑賞」と「観察」はもちろん違った行為だ。だが良い観察なくして良い鑑賞もあり得ない。ウィルソン氏も「標本の目に見える手がかりは、訓練されていない者がそれをただ見ただけでは、科学的な評価をもたらすものではない。鉱物学的な知識こそが本質なのである」と述べている。

産地と産状

さて水晶とは、石英の大きな自形結晶である。

だから、石英の結晶が邪魔されずに大きく成長できる場所が必要となる。実際、一部の例外をのぞいて、岩石のなかに空間があったほうが、結晶が成長しやすいと考えるのは自然なことだろう。そして、水晶の成長過程では、その空間に材料となる成分を溶かした水があったと考えられる。そのなかに「種」となる結晶の核ができ、溶けている成分が、溶液の側から次第に種結晶の側に移ることで成長していく。

結晶成長に関しては、合成実験も含め、科学的な検討が日々進められている。この本ではそこに深入りはしないが、手元に持って来られる標本から得られる情報をもとに、類推し得る範囲のことについては、簡単に記しておこうと思う。「ツラ」と産地、産状の関係である。これもまた「水晶のかんどころ」なのだが、水晶を例に鉱物の観察全体に敷衍できる話である。まず、押さえておいてほしいのは「空隙《くうげき》」と「脈」である。「空隙」というのは、どちらかといえば理系でよく用いられる格式語で、「隙間」という意味だ。岩石中に存在する空間のことと考えていただければいい。そこに水晶など結晶が成長していれば、「晶洞」や「ガマ」と呼ばれるわけだ。

一方の「脈」とは、岩石中に二次元的な広がりをもって連続する、周囲とは異質な鉱物集合のことだ。と、定義めいた記述をすると難しそうだが、水晶の場合、石英から構成される「石英脈」が、たいへん重要な存在となってくる。採集派のコレクターの間では、「脈を押す」とか「脈が太る」などの言葉が交わされる。「脈を押していったら、太ってきてガマが開いた」というように使われる。

左ページ上の写真は、わりによく見られる石英脈の一例である。あえて水晶が出そうだが、得られないというものを選んでみた。これは「石英脈」の、脈の一部だけが外れて落ちていたものだ。筆者らが新たな水晶産地の探索に出かけた際に拾ったものである。普通は到底標本にならないようなもので、ベテランからは笑われそうな代物だが、これをお見せしているのは、石英脈と水晶の関係が分かりやすいと考えたからだ。全体がほぼ結晶質の石英のみからなる石英脈で、母岩（この場合は、正しく **host rock** の意）から、脈の部分だけがきれいに外れたものである。

左ページ上の写真、標本の左側に見えている面が「脈壁」との境界だ。もとはこの外側に母岩があった。両側の脈壁から中央に向かって石英の結晶が成長したことが分かる。もし、十分な空間を残したまま成長が終わっていれば、頭つきの水晶がたくさん生えた「群晶」となっていたであろう。しかし、このものでは、両の脈壁からのびてきた水晶が互いの成長を邪魔しあい、はっきりした錐面はほぼ形成されずに終わっている。

下の写真は、同じ脈の別の部分から得られたものだ。錐面がはっきり出ているのが分かる。脈が太り（＝脈幅が太くなり）、ガマが開いて（＝頭つきの水晶が族生する、脈内に空間があったところを掘り当てることができて）採集できたものだ。脈の一部を母岩から外し、水晶の頭を上にするように置くと、見慣れた「群晶」の姿となるわけである。

石英脈

産　地：群馬県桐生市梅田五丁目
大きさ：高さ約9cm

2006年8月採集。

いわゆる「口の開いていない」石英脈。脈壁から伸びた石英が櫛の歯のようにも見える。中央の空隙に、若干水晶の「頭」が形成されているのが見える。

水晶の群晶

産　地：群馬県桐生市梅田五丁目
大きさ：標本の幅約 6 cm

2006年8月採集。

この産地はごく小規模なタングステン鉱山跡であるが、文献記載に極端に乏しく、長らく「幻」とされてきた。筆者らは運よく文献資料に行き当たることができ、現地探査に赴いた。一部で言われている「梅田鉱山」という産地名は誤り。産地名、とくに鉱山名の記述には注意を要すということだが、マニアの間で口伝の「俗称」が定着してしまった産地名もままある。

あらためて見ていただくと分かると思うが、前ページ上の写真の脈は、脈壁がたいへんシャープである。母岩と石英脈の境界がはっきりしている。ここの母岩は、弱い熱変成を受けたジュラ紀の砂岩泥岩互層で、母岩の化学組成は石英とは大きく離れている。こうした事実からは、(1)脈を形成する石英分がほかから流入したこと　(2)母岩が固まったあとで、外から亀裂の要因となるような力を受けたことの二つが読みとれる。

ここでの要点は、外からの力によって亀裂が生じたことと、溶液の介在である。一般に石英脈はこのように形成される。水は高圧下では１００度を超えても沸騰しない。圧力釜の原理である。そして、その高温の水、「熱水」に石英はよく溶ける。だから、おおむね水晶のあるところには、かつて１００度を超えるような水があったと考えてよい。

その「熱水」が銅や鉛など有用な金属元素を含み、銅鉱や方鉛鉱など鉱石鉱物を生じたものを「鉱脈」という。なお、一般世間では、鉱石の集積を何でも「鉱脈」と呼ぶことが多いが、それは「鉱床」と言うべきであって、「鉱脈」とは、厳密にはこのような鉱床の一形態を指す単語である。とくに鉱脈を形成するような「熱水鉱床」は水晶の産状として重要である。とりわけ、かつて「浅熱水鉱床《せんねっすいこうしょう》」と呼ばれた鉱床から産した水晶を見て、私たちコレクターは「いかにも熱水の水晶だね」と言ったりもする。17ページの砲弾型水晶たちや、カラー中口絵写真9番の群晶などがその例だ。もっとも、見た目だけで産地・産状を特定することはできないのだが、産地・産状の分かっている標本を見た経験をもとに、それなりの判断はできる。研究者からは「科学的でない」と叱られるかもしれないが、「ツラを憶える」ことも、コレクターにとって大切な技能なのだ。

地表に露出した石英脈の例

撮影場所：栃木県日光市足尾町銀山平

大 き さ：写真の左右約15cm

変成を受けた中生層の堆積岩中の石英脈。地表に出ているため、母岩はかなり風化している。空隙に2cmほどの小さな白水晶が見える。林道から沢に降りる歩道の途中で見かけたもの。

さて、55ページの石英脈が得られた地域の地質図を見ると、10㎞ほど離れたところに花崗岩体の露出がある。おそらく、この石英脈があった場所でも、地下に伏在していたのであろう。ここで花崗岩と水晶とは、とても密接に関わっている。

花崗岩が水晶の形成に関わるのは、ペグマタイトだけではない。マグマの固結に伴って、そのマグマの熱で周囲の岩石中の水が熱せられ、循環する。その水はさまざまな物質を溶かす。つまりこの熱水が周囲の岩石に作用すると、熱水交代鉱床や鉱脈鉱床が作られる。そのなかには、「浅熱水鉱床」と呼ばれたものとはタイプの違うもの（「深熱水鉱床」や「気成鉱床」と呼ばれたもの）がある。[12] また、有用な金属鉱物を伴わない場合は、単に石英脈となる。世に知られた山梨の水晶は、みな、花崗岩の関与によるものだ。ペグマタイト（黒平）、熱水鉱床（かつて「気成鉱床」と呼ばれたもの、乙女鉱山）、砂岩中の石英脈（竹森）である。

次に「スカルン」というものがある。花崗岩マグマが地下から上がってきた際、周りに石灰岩があると、熱と物質の移動により石灰岩が変成作用を受ける。堆積岩であれば、花崗岩マグマによって変成作用を受ける（接触変成作用という）が、とくに石灰岩の場合、変成により特有の鉱物組合せが生じ、この名で呼ばれる。灰鉄～灰ばん柘榴石や灰鉄輝石、緑れん石などの鉱物がスカルンを特徴づける鉱物として知られている。

スカルンの水晶は、柘榴石とともに産出することが多い。また方解石や角閃石などと共に産することもままある。またスカルンには鉛や亜鉛、鉄などの鉱床が伴われることが多く、岐阜県神岡鉱山やロシアのダルネゴルスク鉱山 **Dalnegorsk** などは、スカルン

[12] 熱水鉱床の種類
「浅熱水鉱床」は、「マグマ起源の上昇熱水溶液から地下浅所でかつ低温条件の下で生じた鉱床」（『地学事典』一九七〇、p.601）とされてきた分類。一方、「深熱水鉱床」は「地下深所で高温条件（地表からの深さは3～10㎞程度、温度300～600℃の範囲）で気成期の一部から熱水期初期にかけて生成した鉱床」（p.529）とされ、「気成鉱床」は、「マグマ固結の末期に、マグマから放散した高温ガス（または鉱化ガス）からの鉱物の晶出またはそれによる母岩の交代変質作用」（p.255）によって形成された鉱床とされるが、いずれも現在では学問的には使われない。ただし、それぞれ肉眼で観察できる範囲の鉱物組み合わせや鉱床の構造による分類としては使いやすく、古い文献にはよく登場する。観察と成因との間の相関関係、因果関係が必ずしも一致しないことが次第に明らかになり、また熱水をマグマ起源のみとするモデルが実際と合わないため、使用されなくなった。ではあるが、コレクターとしては知っておいてよい言葉だろう。

柘榴石スカルン中の水晶

大きさ：写真の左右約5cm

表面（上）と裏面（下・部分）を示す。透明度が高くテリの強い水晶が、赤褐色の灰鉄柘榴石 Andradite の結晶集合の隙間に成長したもの。柘榴石は偏菱十二面体の結晶をなし、写真でも菱形に光る結晶面が確認できる。結晶の粗い柘榴石の集合の中に「いきなり」水晶が生えているさまがよく分かる。

鉱床の著名な例である。もっとも、こうした鉱山でも、その広いエリアのなかには、部分的に熱水鉱脈鉱床といったほうが適切な場所もある。花崗岩マグマが熱水を導くことを考えれば、当然のことだろう。

と、駆け足で説明してみたが、日本の水晶に限れば、熱水鉱脈鉱床、ペグマタイト、石英脈、スカルンの四つを押さえておけば、産状についておおむね把握したことになる。もちろん例外はある。また目を海外、こと大陸に転ずれば、もっとほかの産状がある。

たとえば、7ページのアーカンソーの水晶は、オルドビス紀という古い時代の砂岩の割れ目に生じたものと説明されている。ただ、そこに花崗岩のような火成岩マグマの関与があったわけではなく、地下深くの圧力と温度を伴った水の循環でできたとされる。あの、すばらしく透明でくるいのない結晶は、そうした静的な環境の反映なのだろうか。一方、カラー前口絵5番のガネーシュ・ヒマールの水晶は、マトリクス付きの標本を見る限りでは、母岩は緑色片岩である。いかにも破砕されたような形状の空隙に、石英脈を作ることなく、いきなり水晶が立ち、曹長石やクサビ石、角閃石などの小結晶が伴われる。「アルパイン・ベイン[13]」と呼ばれるものだ。産地近くの地域地質を記した詳細な資料を見つけることができなかったので正確なことがいえないのだが、産地を含むやや広い地域の地質図を見た限りでは、変成帯であるのは間違いがない。ただ、同じ地域に花崗岩の露出もあるので、その関与があるかもしれない。

このように、その産地の地域地質についての情報がなく、標本の観察だけでは類推の域を出ない。さらに厳密に産状を知ろうと思えば、現地に自ら赴き、しっかり観察をす

[13] アルパイン・ベイン
ヨーロッパアルプスなど、造山帯の変成岩中に存在する石英脈。変成作用時に生成したと考えられ、曹長石、氷長石、クサビ石、方解石などの結晶を産する。ヨーロッパアルプスでも透明度の高い美麗な水晶を産した。

るほかない。しかし、法則化できないまでも、水晶の形状や石のツラと産状との相関はあり、その知識は経験則的に共有されている。たとえば「スカルンには日本式双晶がよく出現する」という口伝や、「いわゆる火山・火山活動に伴われるような生成物、すなわち浅所生成の産物中には少ない」（加藤昭『スカルン鉱物読本』関東鉱物同好会、一九九九、p.24）といったものがある。

アルパイン・ベインの水晶

産　地：Lapchet Mine, Ganesh Himal, Dhading, Nepal

大きさ：写真の左右約4cm

カラー前口絵写真5番と同じ産地の母岩つき水晶。水晶の根元に鱗片状の緑泥石の集合が見える。ほかに曹長石などが伴われ、いわゆるアルパイン・ベインであることを示す。

コラム4　産地推定の実際

　鉱物標本が鉱物標本であるためには、鉱物名・産地名などが記されたラベルの添付が不可欠である。管理しているすべての鉱物名・産地名を諳んじられる所有者がいたとしても、ラベルを書くことなく死んでしまえば、鉱物標本は標本でなくなってしまう。

　しかし、世の中に出回っているすべての鉱物に必ずしもラベルが添えられているわけではない。むしろ付いていないことのほうが多いのが実態である。これは、鉱物を標本として取り扱うことに関心のない者が管理していたり、美石や飾り石として流通していたものなどでは、産地名がさして重要な情報として認識されていないからだ。また、ラベルがセットになっていた物でも、時間の経過とともに紛失したり、入れ違いになってしまっている場合も少なくない。ここで、再び鉱物を標本たらしめるために、産地を推定する必要が生じてくるのである。

　産地の推定は、第六感的な勘に頼って行ってはいけない。本人だけが思い込んでいても、それを他人に説明して納得してもらえなければ、産地が判明したことにはならないからである。あくまでも、鉱物の観察によって得られた要素から理屈によって結論を下さなければならない。そのために、産地推定に長けたひとは、通常とは異なる標本の見方をすることがある。

　たとえば、古い陶磁器の鑑定では、焼き物をひっくり返して底の部分を観察する。これは、この器が作られた土がどこの生産地のものかを見極めるためで、釉薬のかかっていない部分を見ているのである。

鉱物標本の場合でも同様で、見どころとなっている鉱物そのものだけではなく、母岩を入念に観察し、産地推定の要素を読み取るのである。結晶形、色調、光沢、インクルージョン、共生関係、母岩の種別、鉱床のタイプ……などに注意が払われるが、さらに鉱山であればその沿革といった、産地の時代背景や、流通の来歴など、鉱物本来とは異なった要素も重要な手がかりとなる。

厳密な科学的手法で産地を推定することは、たいへん困難である。これは科学的な検証に耐えうる客観的データに現れるような特徴を産地ごとに見出すのが困難であるという程の意味だが、それゆえ私たちの言う「産地推定」とは、過去に自分が見た、産地のはっきり分かっている標本の記憶と照らす限りにとどまる。そこで、どれほど多数の標本を見ているかという経験が問われるわけだが、ただ見るだけではなく、どれだけ要点を的確に観察し、産地ごとの特徴を押さえているかという技量も大いに関係してくる。産地推定について本書で触れているのは、標本観察のポイントの説明にちょうどよいためでもある。

もうひとつ、内外の標本価格差を利用した詐欺まがいの商売の問題も加えておこう。日本のような、鉱山がほとんど休廃止した国では、過去に産した標本の多くは必然的にビンテージとなる。そこで、いま安価に出回っている海外産標本を「国産古典標本」と称して販売する者がときおり現れる。パキスタン産のトパーズを岐阜県田原産と偽ったり、ペルー産の黄鉄鉱を阿仁や尾太《おっぷ》など東北の鉱山のものと偽ったりするケースなどである。

さて、次ページより産地推定の実際について解説してみた。ごく簡単なものだが、参考になれば幸いである。

1

たなごころに置いて全体を観察、まずは鑑賞する。

細かい砲弾型水晶が林立するなかに、黄鉄鉱や黄銅鉱、閃亜鉛鉱の小結晶が散在している立派なものだ。モノクロなので分かりにくいが、水晶の上には桜でんぶのような菱マンガン鉱のかぶりも見られる。

2

水晶と共生する鉱物を観察。水晶の上にかぶって白く見えている鉱物が菱マンガン鉱の集合。現物では淡桃色で粉っぽい質感に見える。一方、黒っぽく写っている黄鉄鉱・黄銅鉱の結晶は水晶の根元に来ている。この組み合わせで、たぶん尾太鉱山だろうという当たりがつく。

3

菱マンガン鉱（写真では白く写っている）の接写。細かい結晶が集合して球状になっている。中には泡のように中空のものもある。このあたりで尾太で間違いないだろうという判断ができている。一番の決め手は菱マンガン鉱だが、同様の産状で菱マンガン鉱を産した鉱山は、東北の金属鉱山には尾去沢鉱山などほかにもある。それらの鉱山産のものとは「ツラ」が違う。最も大量に標本を市中に出したのが尾太鉱山なので、尾太産に出会う確率は高い。

4

裏返して母岩側の様子を見る。ここからはむしろ「本当に尾太か？」という検証である。灰色に写っている部分の縁に黄鉄鉱の破面が見える。さらにその下側は、黄鉄鉱が細かく入った母岩のように見受けられる。緑泥石や赤鉄鉱は見られず、粘土鉱物も少ない。ここで緑泥石などの鉱物が認められたり、水晶の隙間を粘土鉱物が埋めていたら、他産地の可能性が出てくる。
標本の「裏」が決め手になることは多い。結晶がよく成長した表側よりも見た目の差異が大きいことがあるためだ。機会があれば、できるだけさまざまな標本の裏側も見ておくと役に立つ。

5

側面を見て、群晶の様子を観察。やや放射状で、全体として櫛の歯状に成長していることが分かる。

いかにも熱水鉱脈の水晶だ。写真下方、水晶の根元で黒く写っているのは閃亜鉛鉱。

6

別の方向からも見る。今度は水晶と黄鉄鉱の結晶形状の特徴にも注目。尾太鉱山産の水晶として矛盾はないツラだ。砲弾型や先細り型でなく、剣がまっすぐに細長く伸び、透明度の高い水晶ばかりだと、ペルー産の可能性が疑われる。もっともどの産地のものでもツラには幅や例外があり、また産地によるツラの違いをわずかな言葉で説明しつくすことも不可能であるため、この記述を機械的に当てはめてはいけない。

また、国産鉱物を集めている人の中には海外産の標本を見ようともしない人がいるが、海外産の「ツラ」もよく見て記憶しておかないと、いざというとき判別のしようがない。

いわゆる「汚い水晶」について

「水晶のかんどころ」で述べたが、先端部がない、大きな傷がいくつもある、表面がたいへん荒れている、透明度がない、結晶形さえ判然としない、これら水晶本来の美的基準からいえばマイナスばかり、欠点ばかりのいわゆる「汚い水晶」にも、一部、人々の興味や所有欲を刺激する何かが存在している。それはすなわち「複眼的視点」に立って感じとる魅力というべきものである。

「汚い」というひとつの視点から離れ、この水晶はなぜ頭がないのか？　どうして傷があるのか？　この表面の荒れは何に起因しているのか？　まったく透明感がない理由は？　なんでボーッとした外形を示しているのか？

こうした欠点を欠点としてとらえず、この水晶に何が起きたのかを推理する材料として見たとき、傷が傷ではなく、ひどく興味をかきたてるものになり得るのである。

さるベテランコレクターを訪ね、コレクションを拝見する機会を得たときのことである。大型で美麗な標本も数多く所有されていたが、氏のコレクションの値打ちはそれだけではなく、幅広い見識と超人的な整理によって、全体としてのまとまりにおいてたいへんに素晴らしいものであった。

そのコレクションのなかに、一本の「汚い水晶」があった。さほど大きくないその水晶は、白濁して不透明。結晶面も、がさがさして美しくない。そして、水晶には両の肩から鉈で斬りつけたような大きな傷が複数、交差するようについているのである。

これは、人間が叩いたり削ったりしてつけた傷ではなく、水晶の形成過程で、共生している方解石によって成長を妨げられ生じたものと推測される。

ベテランコレクター氏は、その水晶を手に取り、

「大した水晶ではないが、この傷の角度が方解石の劈開の方向と一致しているんだ。どのようにこれができたかを考えると楽しくてね」

と、いとおしげであった。

その水晶とは、国産鉱物コレクター諸氏にはおなじみの、長野県川《かわ》端下《はげ》のものである。スカルン中に大型の水晶を産し、また透明・美麗な水晶も産しているものの、「川端下の水晶」といえば、このような個性的なツラで知られている。

さて、このようにして複眼視的な水晶の愛で方を手にした愛好家は、果たしてどこまで汚い水晶を自分のコレクションとできるのだろうか。70ページの写真は、岐阜県飛騨市河合町の小鳥川《おどりがわ》流域で撮影した「汚い水晶」である。

水晶
産　地：長野県南佐久郡川上村川端下《かわはげ》
大きさ：写真の左右約15cm

いかにも「川端下らしい」標本を選んでみた。ざらついているかと思えば、ときになめし皮のような独特のテクスチュアや、大小の結晶がかみ合い、乱雑ななかにも味わいのある形状を見せている。大型の水晶で知られ、また、稀にではあるが日本式双晶を産したことも「川端下」の名を魅力的なものとしている。国産鉱物マニアであれば、まず誰もがこの難読地名をすらりと読めるのではないか。

「どこが!?」と思われる向きもあるかもしれないが、断面を見るとおおむね六角形である。いちおう両端面らしきものも見える。輪郭はざらざらして、多結晶であるようにも見え、ぼやっとしてひどく汚いけれど、やはり「水晶」であるように見える。しかし、それだけではこの水晶をコレクションしようという気にはなれない。ところが、この「水晶」にはいくつか興味深い特徴があった。

まず、サイズの大きさ。見た範囲で最大のものでは、直径15㎝、長さ1ｍを超える。さらに、ルチルや石墨[14]などのインクルージョンを比較的大量に含んでおり、そのため全体に薄い青灰色に見えた。いちおう「ルチル入り水晶」である。研磨すればスターが出るかもしれないと思いながら、まだ試していない。

しかもこれが、真っ白な大理石中に成長している。「産状・産地」の項でも触れたが、水晶は空隙に出来るのが一般的だ。大理石中に埋もれていることは、これが溶液からではなく、固体同士の化学反応で成長したものであることを示している。大理石といったが、ここの岩石は石灰珪質片麻岩というべきものである。飛騨変成岩帯[15]に属する、堆積岩が変成を受けた岩石だ。強い圧力と高い温度を受け、もとの岩石からは変化したものだが、露頭とその周辺を観察した限りでは、原岩の堆積構造が残っているようにみえた。つまり、変成の過程での物質の移動はあまりないと考えられる。そんな環境であるにもかかわらず、これほど巨大な「水晶」が成長したという事実に興味を覚えた。おそらく、石灰岩中にはさまれていた石英質のレンズや薄層がもとになっていると推測されるが、細かい多結晶からなっていたであろうそれが、どのようにして単結晶のごとき形態（厳

[14]石墨
Graphite 黒鉛ともいう。天然の炭素である。塊状、土状のものがあるが、標本としては結晶形がはっきり認められ、光沢の強いものが嬉しい。この産地での石墨は、黒色鱗片状の小結晶で、石英の表面に多数が付着するような形でも産した。また、飛騨変成岩帯中には、かつて石墨を目的に採掘した大小の鉱山が点在しており、産地近傍にも天生鉱山などの鉱山跡がいくつかある。

[15]飛騨変成岩帯
石灰質～石灰珪質片麻岩、角閃石片麻岩などさまざまな片麻岩類と花崗岩などからなる変成岩帯。おおむね古生代石炭紀以降、白亜紀まで数次にわたる変成作用によって形成され、日本では古い時代に属する。なお、「～帯」という術語は、文脈によって意味するところが若干違うが、必要によって周囲とは区分される地域というほどの理解をしておけば足りる。

密には調べていないので分からないが、少なくとも六角の断面は持つように見えた）になったのであろうか。表面に鮮やかな緑色のクロム雲母が伴われていたことも、マニアごころをくすぐる。

筆者らは大理石の大塊に大ハンマーでいどみかかり、水晶のひとつを採集しマイコレクションに加えた。戯れに「飛驒芋水晶」と呼んでいる。いまのところ、この水晶が筆者にとって所有したくなる限界である。

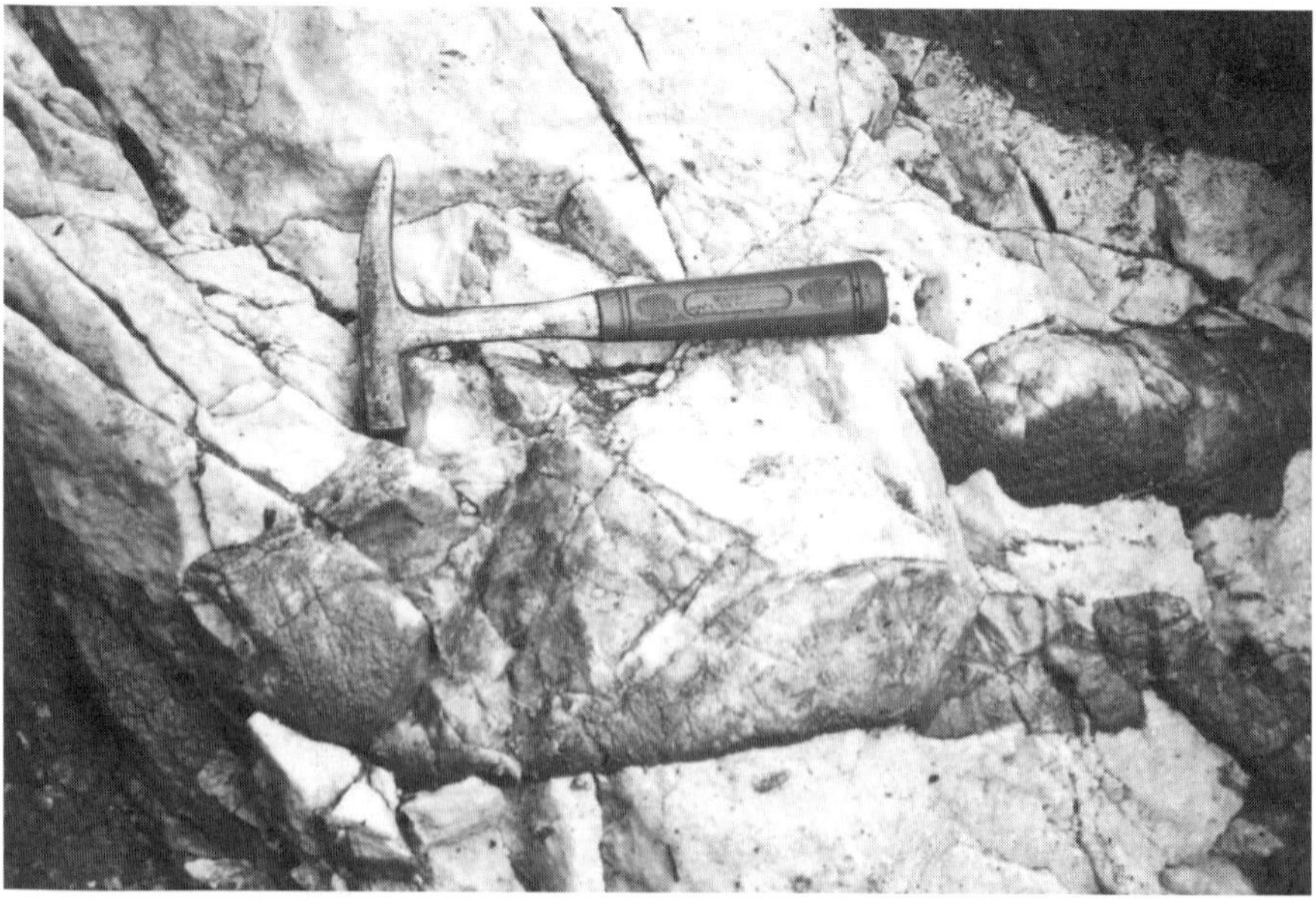

飛騨市小鳥川の「芋水晶」の露頭写真。2003年11月撮影。周囲は結晶質石灰岩（石灰質片麻岩）で、ほとんど方解石のみからなり、わずかに石墨を伴う。写真の左右約60m

1. 方解石　秋田県大仙市荒川鉱山
長さ約 8 cm

2. 霰石　千葉県銚子市長崎鼻
写真の左右約 4 cm（写真上右）
3. 菱鉄鉱　岐阜県土岐市五斗蒔
写真の左右約2.5cm（写真中右）
4. 菱鉄鉱　Gourama, Morocco
写真の左右約 6 cm（写真下）
5. 菱亜鉛鉱　大分県佐伯市木浦鉱山
写真の左右約 2 cm（写真中左）

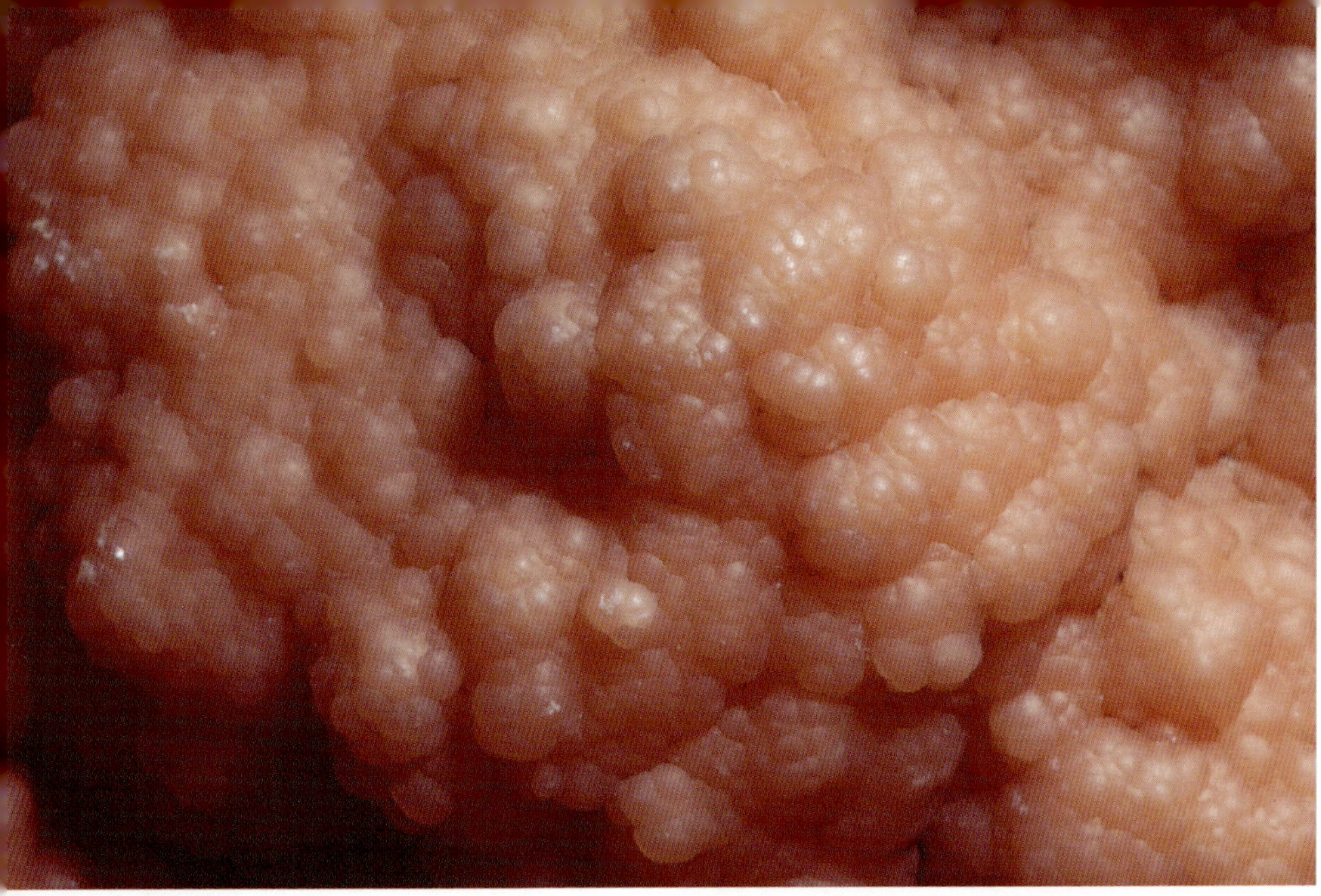

6. 菱マンガン鉱　青森県中津軽郡西目屋村尾太鉱山
写真の左右約10cm
7. 菱マンガン鉱　北海道古平郡古平町稲倉石鉱山
写真の左右約18cm（写真下右）
8. 菱マンガン鉱　北海道古平郡古平町稲倉石鉱山朝日坑
写真の上下約 9 cm（写真下左）

9. 黄鉄鉱、黄銅鉱と水晶の群晶　青森県中津軽郡西目屋村尾太鉱山
写真の左右約10cm
10. 黄鉄鉱と黄銅鉱（鉱夫芸術より）秋田県大仙市荒川鉱山
写真の左右約 8 cm

11. 黄鉄鉱　岩手県北上市和賀仙人鉱山
結晶の幅約 4 cm（写真左）
12. 黄銅鉱の変色　秋田県鹿角郡小坂町小坂鉱山
写真の左右約 4 cm（写真右）

13. 方鉛鉱　Dalnegorsk, Primorskiy Kray, Russia
結晶の幅約2.5cm

14. 硫砒鉄鉱と自然金　埼玉県秩父市秩父鉱山大黒坑
写真の左右約 3 cm

15. 輝安鉱　兵庫県養父市中瀬鉱山
写真の左右約 7 cm

16. 閃亜鉛鉱　岐阜県飛騨市神岡町神岡鉱山　写真の左右約11cm

17. 閃亜鉛鉱　秋田県鹿角市尾去沢鉱山　結晶の幅約4.5cm

18. 輝安鉱　愛媛県西条市市ノ川鉱山
高さ約15cm

■カラー中口絵写真の説明（鑑賞と解説）

1.方解石　秋田県大仙市協和荒川鉱山

国内産の犬牙状方解石で、これほどの透明度とボリュームを持ったものは大変に稀少である。まろやかな曲線を描く結晶は、鮮やかな条線とともに、艶やかな光沢を有している。水晶の無機的なそれよりも、結晶面に関してはぬくもりのある方解石のほうが美しいと思えるのは、こうした標本を見たときなのである。

熱水鉱脈鉱床からはときに方解石の美しい結晶が得られ、東北地方の鉱山では、荒川鉱山のほか、秋田県不老倉鉱山などが著名である。

2.霰石　千葉県銚子市長崎町長崎鼻

空隙を内側から支えるように成長した六角柱状の結晶は、単品ではなく霰石が輪座双晶をしたものである。銚子の霰石は、安山岩の空隙中に緑色皮膜状のセラドン石を伴って産出する。新鮮時は塗りたてのペンキのように鮮やかで、ピンク～紫色の霰石とあいまって大変美しいセラドン石は、日を追うごとに色あせ、ひび割れ、フケのように剝がれ落ちて周囲に散らばり、標本の所有者を悲しませることになる。

3. 菱鉄鉱　岐阜県土岐市五斗蒔《ごとまき》

中生代の堆積岩中の割れ目に成長した菱鉄鉱の球状集合。藍鉄鉱 Vivianite とともに産した。表面に細かい結晶面の繰り返しがみえ、全体としてやや艶消しの梨地肌のように見える。117ページのモノクロ図版に示した二点――独立した結晶と滑らかな表面をもつ球状集合――の中間的な形態といえるだろうか。ほとんど酸化していない新鮮なもので、独特の色調と質感をよくみせている。

4. 菱鉄鉱　Gourama, Morocco

厚みのある菱面体の結晶集合。表面が酸化しており、おそらく水酸化鉄からなる錆びを浮かせている。もはや透明感はほとんど感じられず、金属的にも、そうでないようにも見える独特の質感となっている。熱水鉱脈型鉱床から得られたもので、水晶や黄鉄鉱などを伴う。

5.菱亜鉛鉱　大分県佐伯市宇目木浦鉱山

菱亜鉛鉱の細かい葡萄状結晶集合からなる標本の部分接写。個々の結晶の透明度の高さから、肉眼で全体をみたときよりよほど淡色に見える。鉱物標本では、細部を拡大して観察すると色や印象が変わって見えることがときにあるが、なんとも不思議な感じがする。古い標本。

6.菱マンガン鉱　青森県中津軽郡西目屋村尾太鉱山

しっとりとした光沢と弱い透明感をたたえる、仏頭状の集合体。紅には届かないが、桜色と言うには濃い、山一面に咲き乱れる桃の花とも言うべき色あいは、ときに眼に打ち込んでくるような厳しい赤を見せる菱マンガン鉱のもうひとつの顔である。

7.菱マンガン鉱　北海道古平郡古平町稲倉石鉱山

厚く、層状に成長した菱マンガン鉱を切断・研磨した標本。紅から桃色の縞模様が美しく、とくに紅の濃い部分が厚いものは一名「インカローズ」と呼ばれ、鉱物標本を離れて、貴石としての価値を持つようになる。本品はまさに「インカローズ」というべき品質を有する素材美を見せる逸品である。

8.菱マンガン鉱　北海道古平郡古平町稲倉石鉱山

分厚い層状集合体と並んで稲倉石鉱山を代表する形態を示す標本。

陣笠状の結晶が、小皿を幾重にも重ねたように連なった集合体は、それぞれがまた、組み紐のごとく絡みあい、ひとつの大きなうねりを形作っているのである。

この石を地中より持ち帰った当時の鉱夫たちは、いったいどのような景色を目の当たりにしたことであろうか。

9.黄鉄鉱、黄銅鉱と水晶の群晶　青森県中津軽郡西目屋村尾太鉱山

半透明の砲弾型に、平行連晶で小結晶が乗り、教会の尖塔の様な形となった水晶の群晶に、黄鉄鉱と黄銅鉱を散りばめた、熱水鉱床の典型的な造形を見せている。水晶の面の光沢がすべて同じ方向で強弱があること、黄鉄鉱と黄銅鉱の着生の順序など、鉱物の形成過程を鑑賞しながら推測できるのは楽しいものである。

10.黄鉄鉱と黄銅鉱（鉱夫芸術より）　秋田県大仙市協和荒川鉱山

表紙にも使用した鉱夫芸術の一部を拡大撮影したものである。

鉱夫芸術は、文字通り鉱夫が持ち帰った鉱物を、自由に組み合わせて造りあげたものだが、その配置には日々石と接してきた者の独特のセンスが感じられる。よく吟味された黄鉄鉱と黄銅鉱が効果的に並べられることによって、色合い、質感の違いが際立ち、味わい深い装飾となって見る者に訴えかけてくるのである。

11. 黄鉄鉱　岩手県北上市和賀仙人鉱山

正六面体と五角十二面体の中間の結晶形を示す標本。国内で多くの鉱山が稼行していた当時は、水晶とならんで一般的な鉱物であったが、鉱山のほとんどが休山・閉山してしまった今日では、良品を自らの手で採集することが困難なものとなってしまった。

この標本も、鉱山の索道跡を丹念に探しまわって、ようやっと採集したもの。「今でもこれ位のものが採集出来るんだ」と、その時のうれしさは今でも忘れられないが、あれから20年以上も過ぎてしまった。

12. 黄銅鉱の変色　秋田県鹿角郡小坂町小坂鉱山

この標本は新鮮な黄銅鉱の姿ではない。黄銅鉱の変質は、まず黄金色がくすみ、青みがかったのちに、青～藍色と色を深め、黒色となり、さらには光沢を失って、果ては暗灰色のがさついた無残な有様となる。

黒色となって以降は、もはやこれまでといった感があるが、滅びのなかで見せるひとときの美とでも言おうか、青みがさした状態の美しさは、新鮮な時のそれにひけを取らない。

13. 方鉛鉱　Dalnegorsk, Primorskiy Kray, Far-Eastern Region, Russia

ロシア・ダルネゴルスクの水晶上に置かれた鉱石の露。

結晶のある面は、鏡のごとき鋭さを、また一方では、今まさに溶けようとする氷柱の移ろいやすい表情を見せる。この方鉛鉱の、重力から解き放たれたかに見える軽やかさは、その輝きが空を映しこもうとするためであろうか。しかしすべては一瞬の出来事、時を経て新鮮さを失い、やがて自らの比重に似合った、暗色の風格を備えて、重々しく鎮座するのである。

14. 硫砒鉄鉱と自然金　埼玉県秩父市秩父鉱山大黒坑

菱形の短柱状～長柱状の結晶が、黒色の閃亜鉛鉱とともに晶洞を形成している。

おどろくべきことは、短冊を長く伸ばした形のままで「きしめん」のような自然金が硫砒鉄鉱の小結晶を数珠つなぎにしていることである。大黒坑の自然金はよく知られているが、分離品か母岩に着生していても伸ばされたり変形を受けたものが多く、このように本来の形態を観察できるものは稀である。

15. 輝安鉱　兵庫県養父市吉井中瀬鉱山

重量感のある輝安鉱の群晶を水晶が覆い、その破面から柱状の結晶が現れ、新鮮な輝安鉱の持つ華やかな美しさとは異なる落ち着いた風情を見せている。表面には二次鉱物の黄安華 Stibiconite が晶出し、石がところどころ黄色に染まり、全体に地味なこの標本にアクセントを添えている。

16. 閃亜鉛鉱　岐阜県飛騨市神岡町神岡鉱山

雪の様に白い水晶上に緑色半透明の閃亜鉛鉱が点在する、非常にファンタスティックな標本。閃亜鉛鉱は含まれる鉄が少なくなるにつれ、黒色不透明から、褐色、赤色など淡色透明となる。淡色の閃亜鉛鉱には明るい橙色のものもあり、さらに褐色味のない黄色や写真の標本のような緑色のものは、最も稀少とされる。神岡鉱山では、ごく少量ながら美しい緑色の閃亜鉛鉱を出したが、結晶鉱物を多産した栃洞地区の産ではなく、茂住地区からのもので、あまり詳しい事情は伝わっていない。

17. 閃亜鉛鉱　秋田県鹿角市尾去沢鉱山

黄褐色から赤褐色の透明な結晶で、特に「べっ甲亜鉛」と呼称されるものである。分離結晶であり、直径も4cm位のさほど大きな物でもないが、その透明度、結晶面の光沢ともに群を抜いた高品質な標本となっている。結晶の内部についても、亀裂がなく、色むらも少ない、カットグレードと呼ばれる宝石質の良結晶で、これを手に取り光にかざしてみるとき、鉱物コレクターとしての幸せを感じずにはいられない。

18. 輝安鉱　愛媛県西条市市ノ川鉱山

長柱状の結晶を中心に、まるで両手をすぼめた様な姿の群晶。複雑に絡みあう小結晶に対して、それを貫く数本の大結晶が、全体に方向性を持たせ、量感にあふれ、かつ無秩序な印象になるのを防いでいる。この標本で特に注目すべきは、採掘されて百年近い年月を経て、美しい銀白色の輝きを保っていながら、海外からの里帰りではなく、日本国内で保存されてきたという点である。これは、国内でも理想的な保存を行うことで、新鮮な状態を維持することが出来る証である。

第2章　「菱」の石たち

方解石（カルサイト）の楽しさ

方解石（カルサイト　Calcite）とは、炭酸カルシウムからなるごくありふれた鉱物種である。だが、水晶よりもバリエーションの豊かな結晶形や、色彩の多彩さをもっている。水晶の次に、方解石ほか炭酸塩鉱物——後述するように、「菱形」を形の基本とする鉱物たちを主に——を持ってきたのは、それだけ多種多様な鉱物の楽しみを解説できる広がりがあると考えたからだ。美しさと、楽しさ、そして知的な面白さである。

さらにこの章では、ユニークな形態をもった、いわゆる「奇石」とされるもののうち、方解石をはじめとする炭酸塩鉱物からなるものを取り上げた。いずれにせよ、鉱物の楽しみの広がりを考えている。ここには、地球科学的な知見と結びついた楽しみもある。

ところが、このカルサイト、どうも格下のように扱われているきらいがある。とくに日本の、古くからの鉱物マニアには軽く扱われる傾向があるようだ。方解石というだけで馬鹿にする人までいる。一方、海外の鉱物雑誌には方解石特集号があるし、方解石だけを蒐集の対象にする同好会もいくつか存在する。たとえば、アメリカの「International Calcite Collectors Association」なる同好会などがそれだが（**http://www.rockhounds.com/icca/**）、実際、ショウなどで見ると、方解石の本当の特品はとても高価で、たいへん珍重されていることが分かる。それはいまにはじまった話ではなく、たとえば19世紀

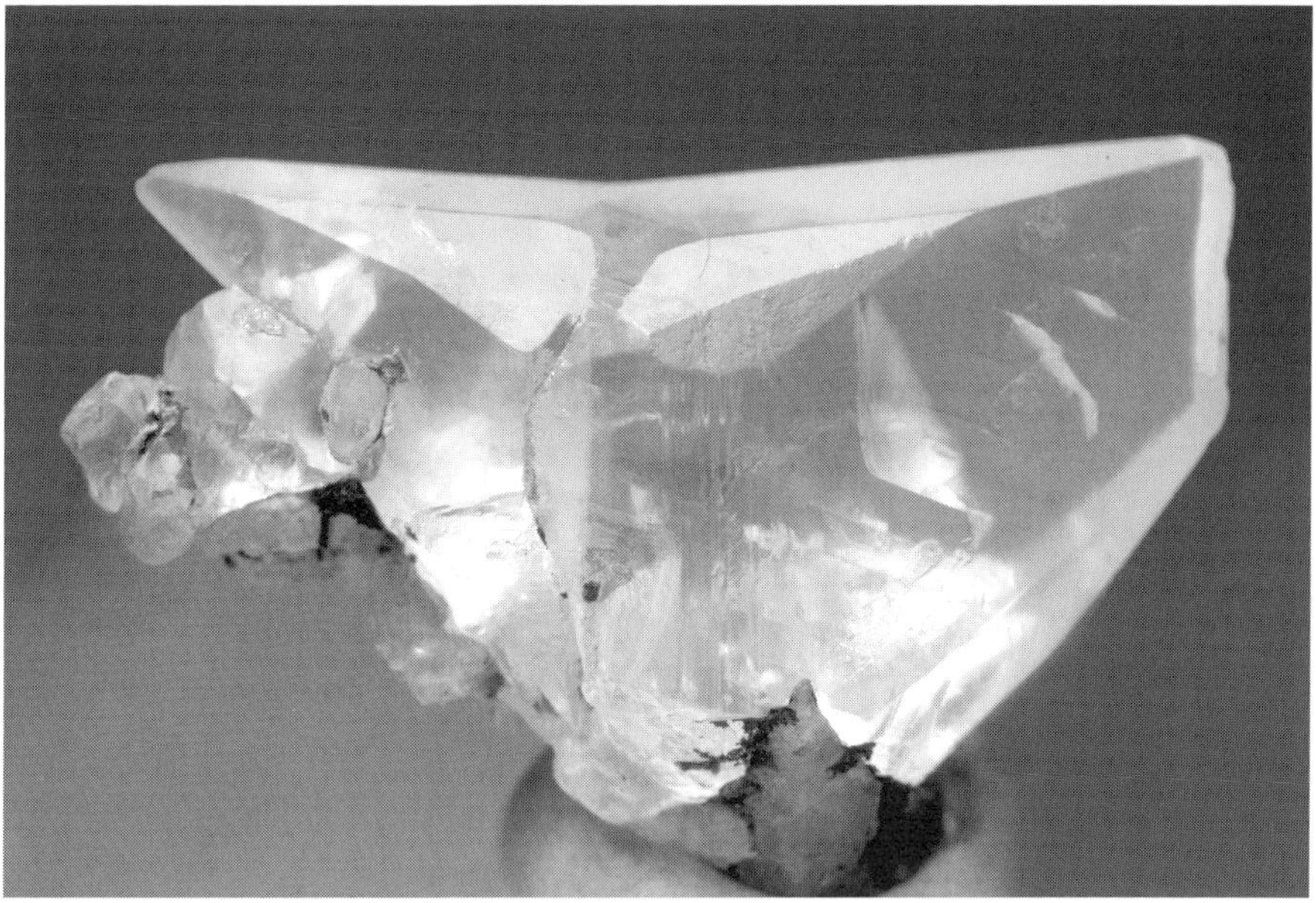

方解石

産　地：鹿児島県いちき串木野市下名串木野鉱山

大きさ：結晶の左右3.5cm

いわゆる「蝶型双晶」をなす方解石。方解石にも多種多様な双晶が存在するが、この形のものは、水晶の「日本式」同様、一目で分かるはっきりとした対称性で人気がある。この串木野鉱山産のほか、国産では栃木県足尾鉱山、秋田県不老倉鉱山、秋田県荒川鉱山などが銘柄品として知られている。こと串木野のものは、産出時期が比較的新しく、なかでは入手しやすい。ややぬめっとした独特の表面を特徴とするが、これは晶出後に溶液が鉱脈中を通り、表面が溶けたためと推測されている。

末から20世紀初頭にイギリス、カンブリアの赤鉄鉱鉱床の空隙から産した方解石の標本は、美しく、かつ産出時期が限られていたこともあって、いまでも高価なクラシカル・スペシメンの座を維持している。また近年では、たとえばアメリカのイリノイ州やテネシー州、ロシア、ダルネゴルスク地域のすばらしい標本が知られている。たしかに同じ透明な結晶鉱物でも、一般的には水晶よりも透明感に乏しく、表面のテリも鈍いことが多い。けれど、稀にではあるがとびぬけて美しいものもある。この本に掲載したのは必ずしも特品ではないが、この鉱物もまた、決して遜色のないものであることは十分伝わっていると思う。日本でも、古い鉱山で飾り石用か鉱石標本用に採取されていたものを見ると、方解石の立派な結晶が水晶や金属鉱物の結晶と同等に扱われていたことがよく分かる。現場の探鉱技術者や、鉱夫の人々は、方解石の価値を分かっていたわけだ。もちろん、国産でも良品となると、たいへん高価だ。

それでも、ある人々からは「だって、しょせんはカルサイトでしょう?」といって取り合ってもらえないかもしれない。少し極端な例だけれど、筆者は「カルサイトなんてほかの結晶鉱物を守るため、神様が詰めてくれた発泡スチロールみたいなもんじゃないですか」と言われたことがある。「採集派」のベテラン氏の発言である。

そう言った彼は、数々の産地を開拓した、知識も眼力もある傑出した人物だ。これは極論ではあるが（念のために申し添えておくけれど、「採集派」の人がみな、こういう意見であるわけではない）、なるほど鉱物の産状をよく見たうえでの言葉とも思う。とくにスカルンでは、方解石は柘榴石やほかの結晶鉱物が晶出したあとの空隙を埋めるようにしていることが多い。そのさまを、なかば揶揄的に表現したというわけだ。たしかに、ただ晶洞を埋めているだけの（つまり、それ自身は自形結晶をしていない）方解石を塩酸で溶かしさり、その下にある結晶をきれいに浮き出させるといった処理は、自分で採集した石を標本に仕立てるときには、よく行われる。その塩酸処理のテクニックを見れば、鉱物マニアとしての技能の程度が測れると言った人もいるほどだ。

ここまでの話で「方解石」という語が指すものは、二つに分かれている。二つの意味のものが一緒の言葉で言い表されているわけだ。「水晶」ならば、こんなことは起こらない。その二つの意味とは、目に見える自形結晶をなす「方解石」と、複数の結晶が組み合わさり、塊となった、見映えのしない「方解石」である。もしこれが石英ならば、前者は「水晶」と呼ばれ、後者は「石英」と呼ばれて区別される。こうした言葉の区別が方解石にはない。いちおう、透明な方解石を指す語に「アイスランド・スパー **Iceland spar**」なる呼称があるが、「方解石」に対する「不当な」軽視の原因のひとつは、案外、こんなところにあるのかもしれない。

ところが、本当に美しく、傷のない方解石の結晶標本は、意外にも水晶よりもずっと得難いものだ。「意外にも」といったのは、方解石が鉱物種としてはごくありふれた、最も産出条件の広い鉱物だからである。「採集派」、言いかえればフィールドを体で知っている人々に軽視されがちなのも、ただ方解石というだけのものなら、そこらじゅうで目にしているからだろう。もっとも、石英やごく小さな水晶も同じ程度にありふれていると思うが、自分もフィールドを歩いた感覚としては、方解石をより軽んじるのも分からないではない。だが、軽視されがちな理由についてあらためて考えてみると、それはそのまま逆転して、方解石の楽しさ、魅力の説明になる。

まず、傷つきやすく、割れやすい。

方解石は、実にデリケートな鉱物だ。まず硬度が低い。さらに劈開《へきかい》（**cleavage**）という性質が発達しているので、特定の方向に割れやすい。「方解石はマッチ箱を歪ませたような形に割れる」というのは、多くの人が知っていることだろう。一九六〇年代以降の学校では教えていないと思うが、たとえば下に示した昭和25年の学習マンガにこんな形で登場する程度にはポピュラーである。

「どんなにくだいてもこんな形をして」いて、「塩酸のたまり」で転んで溶けてしまう。塩酸だけでなく、酢酸や蓚酸といった弱酸にも侵され、空気中の二酸化炭素を溶かした雨（弱い炭酸である）にも、わずかずつ溶ける。つまり風化に弱い。

方解石の劈開片

産　地：中華人民共和国

大きさ：標本の左右約6cm

菱面体の劈開片を示す。透明で複屈折を見せている。塊を叩いて手ごろな大きさにしたものが安価に売られている。写真のものは600円で購入した。

秋玲二『よっちゃんの勉強まんが』毎日新聞社、1950、p.86

実際、フィールドで雨風に叩かれ、すっかり薄汚くなった方解石を見ると、何だかこちらまでみじめな気持ちになったりもする。実際にどのくらいの時間、風雨にさらされると表面がすっかりだめになるのかは分からないが、水晶などに比べれば、よほど短時間だろう。

加えて、もし方解石のすばらしい結晶が採集できたとしても、ほかの鉱物のようにいきなり新聞紙で包んで持って帰るべきではない。必ずティッシュか何かを一枚はさむことが肝心だ。なぜなら、新聞紙には当の方解石の粉が漉き込んであるため、同じ硬さのものがすれて、せっかくの結晶面やエッジを台なしにしかねないからだ。

さて次に、広くいろいろな地質条件から出てくること。これが「どこにでもある」という印象を作ってしまう。水晶などまず出てこないような種類の岩石のちょっとした隙間や、貝化石の殻の内側にも、方解石の結晶は成長する。もちろん、水晶が出るような条件——熱水鉱脈やペグマタイトや、スカルン、火山岩の空隙そのほか——で、方解石は出ないというものを探すほうが難しい（ひょっとすると、ひとつもないかもしれない）。さらに現在進行形でわき出ている温泉の沈殿物にも出れば、石灰岩という形をとって、山ひとつが方解石の塊ということも普通にある。そんな石灰岩の山では、セメントの材料などに用いるため採掘が盛んに行われている。金魚鉢などに入れる白い砂には方解石を砕いたものがあるし、ほかの形でも日常空間と近い存在であることが、逆に「ありがたみ」を薄くしている。

方解石の風化

産　地：長野県南佐久郡川上村甲武信鉱山
大きさ：写真の左右約3cm

地表で風化した方解石。劈開による割れ目に沿って風化が進んでいる。結晶粒の大きな方解石は、このような独特の風化面を見せることが多い。

だがやはり、少し見方を変えてみれば、これらの欠点も、標本としての価値をいや増すものでもある。まず、それだけ傷や欠けのない結晶は稀少ということになる。風化しやすいという条件もこれに加えていいだろう。

たとえば、鉱山が休山して久しい場合、ズリに放置された石からは良品は得にくい。必然的に、良品はまず鉱山稼行時のものに限られる。坑内であっても、休山後地下水が坑道に回ったりすれば、すぐに結晶面のテリが損なわれるので、やはり良品が採取される率は低くなる。つまり、方解石の良品がビンテージとなる確率は高いということだ。

次に、「どこにでもある」という産状の多様性は、それだけ多様なものが存在するということであり、楽しみの幅は大きいということになる。また、結晶形態の多様性や、色彩の豊かさも、水晶に勝る点だろう。

水晶の結晶は、大まかにいえば、ひとつの基本形からのバリエーションであり、一見して印象のまったく異なる形態にはあまりならない。

一方の方解石は、結晶である以上、一定の法則には従

菱面体

産　地：新潟県柏崎市小杉

大きさ：結晶径約6mm

玄武岩中の空隙に生じた、小さいが端正な結晶。まさに菱面体、基本的な形である。劈開でできる形と同形。しかし、このようにシャープな菱面体を見せる方解石の単結晶は案外少ない。

六角柱状

産　地：福井県大飯郡おおい町浦底

大きさ：写真の左右約2cm

画面中央に六角柱状の結晶が見える。このような単純な六角柱状よりも、端面を持つもののほうが一般的。破砕された蛇紋岩中に発達した方解石脈の空隙のもの。画面上方の刃状結晶は霰石。

っているものの、一見して違った形態をなす。その形態は数え方によっては数百にも分類されているが、大きく三つの形態の組み合わせと解釈される。これは、多少の傾向の差はあるが、この章で紹介している炭酸塩鉱物に共通した特徴だ。

方解石の結晶形態は、「菱面体《りょうめんたい》」「板状」「柱状」「陣笠状」「釘頭《ていとう》状」「爪状」「犬牙《けんが》状」などと形容される。代表的な形状を写真で示してみた。

写真であげたもののほかにも、方解石の結晶は多種多様な結晶の見かけをもつ。基本形を押さえておけば、あとはその複合形態として理解できる。83ページの図は、海外の鉱物雑誌に掲載された複合形の解説図である。このように、基本形と代表的な複合パタ

釘頭《ていとう》状

産　地：岐阜県飛市神岡町神岡鉱山

大きさ：結晶径約 8 mm

「陣笠状」とほぼ同じ意味。平たいものから厚みのあるものまで指す。柱面が長くなってくると短柱状と呼ばれるが、どこを境に呼び名が変わるといった定義がされているわけではない。堀秀道氏は「昔の人は面白い名前をつけたものである。犬牙はともかく、今の釘はこういう形をしていない」と書き（『楽しい鉱物図鑑』草思社、1992、p.86）、その後この日本語名をめぐる議論もされた。一方、19世紀に使われていた「ロウトヘッド・ネイルwrought head nail」を見ると、なるほど方解石そのままの格好をしている。「釘頭状」という言葉を作った人が想定したのは、この釘だろうか。

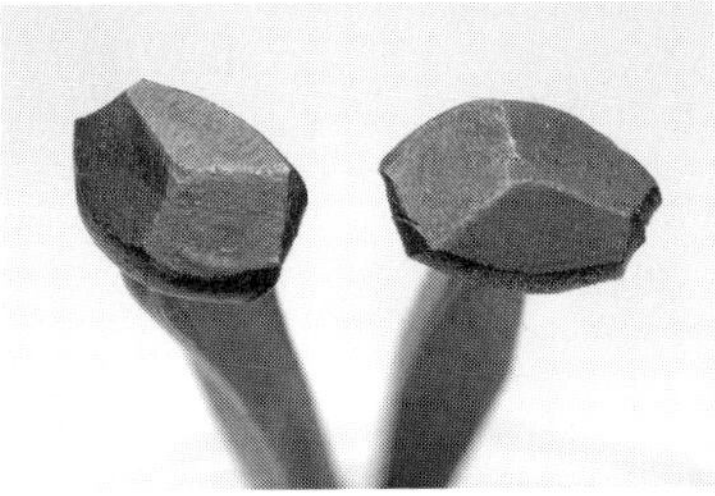

ロウトヘッド・ネイル

犬牙状結晶

産　地：岐阜県大垣市赤坂金生山《きんしょうざん》

大きさ：写真の左右約3cm

透明な犬牙状結晶。83ページの図、左から二番目の形態。金生山は古生代の化石産地として著名な場所であるが、石灰岩の空隙から方解石の結晶を産することでも知られている。この標本は例外的といえるほど透明度の高い結晶。石灰岩中の空隙から産する結晶方解石は、雨水などの作用により、常温常圧環境下で晶出したものが多いが、この標本は金生山の一部に存在する、火成岩の岩脈から導かれる熱水の影響を若干受けたもののようだ。

ーンを見知っておけば、結晶形を見て「方解石である」と判断できる。この基本形はだいたいにおいて、この章で解説する「菱」の石の結晶形に共通であり、また、出やすい結晶形の違いから鉱物種の検討にも役立つ。

方解石

産　地：Dashkesan Co-Fe deposit, Dashkesan Rayonu, Azerbaijan

大きさ：写真の左右約6cm

左ページ中央の図とほぼ同形の結晶を示す。わずかにクリーム色を帯びた透明な傷のない結晶で、黄銅鉱、磁鉄鉱、水晶などとともにスカルン鉱床中の晶洞に産した。

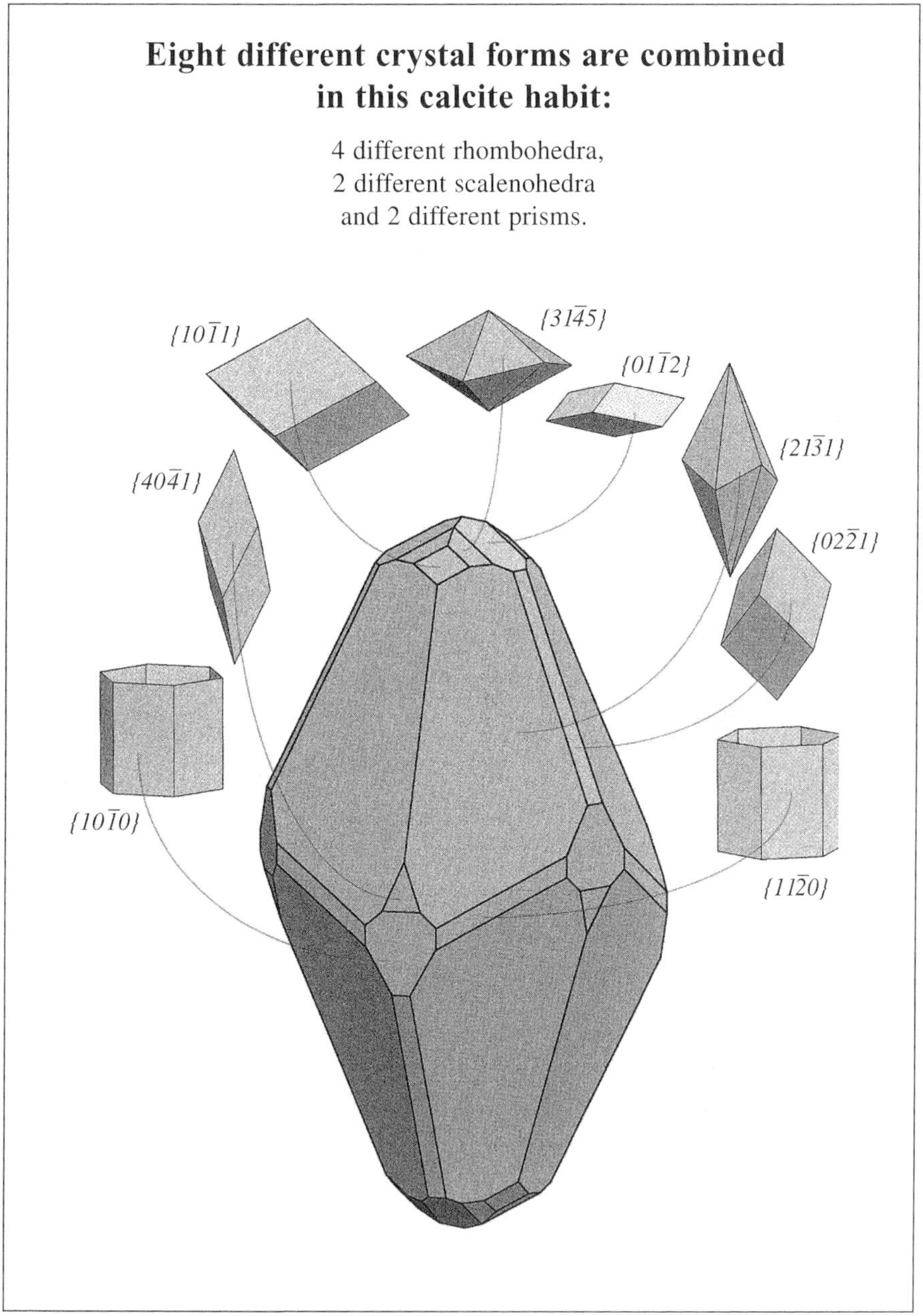

八種の異なった基本的な結晶形の組み合わせで、方解石の複雑な結晶形を説明した図。Erich Offerman（スイス）による。菱面体（左から二番目、三番目、七番目）、スカレノヘドロン（左から四番目、六番目）、六角柱（左右端の二つ）が基本形であることがよく分かる。"Calcite The Mineral With the Most Forms" extraLapis English No.4, Lapis International, LLC, 2003 p.10 より引用。

さて、方解石には、ほかの鉱物と見誤るような形態や、少し考えてしまうような複雑な形態もある。こうした面も含めて、楽しい石なのである。

また、結晶の集合形態の豊かさも、方解石を特徴づけているだろう。六角板状や陣笠状の結晶が花弁のように集まったり、菱面体結晶が多数平行連晶をしたりする。さらに、細かい結晶が集まって、球状、葡萄状、仏頭状などの形態となる。このこともまた「菱」の石に共通している。

単体の結晶だけでなく、集合形態もまた、鉱物を楽しむ要素として大きなものだ。ユニークな形態の楽しさは、奇石趣味にも通じるものがある。

方解石
産　地：栃木県日光市足尾町足尾鉱山
大きさ：写真の左右約1cm

すらりと長く伸びた錐面を持つ結晶。この形態のものは、伊藤貞市・櫻井欽一『日本鉱物誌　第三版』（1947）に足尾鉱山産方解石の結晶図として掲載されている。その程度には足尾鉱山を特徴づけるものといえるだろう。やはり水晶と間違われることは多い。形態の説明のため右にパソコンで作成した結晶図を示した。

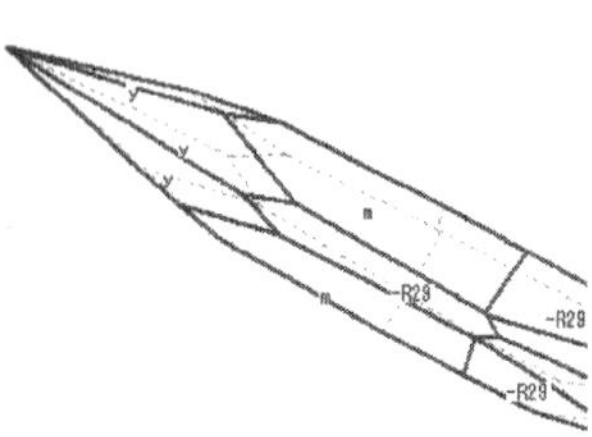

仏頭状方解石

産　地：Montreal mine, Montreal, Wisconsin, U.S.A.

大きさ：写真の左右約10cm

「仏頭状」とよばれる集合形態の一例。タコナイトとよばれる鉄鉱石（磁鉄鉱・赤鉄鉱層と珪質岩層が細互層する縞状鉱石）の空隙に成長した方解石の集合。わきたつ入道雲のような造形が見事である。マンガンを含み、わずかに桃色を帯びている。

水晶のような方解石

産　地：Dachang Sn-polymetallic orefield, Nandan Co., Hechi Prefecture, 広西壮族自治区, 中華人民共和国

大きさ：結晶の長さ約4cm

透明な方解石。まるで水晶のように見える結晶形を示すが、よくよく見ると水晶とは異なった形態をしている。また、決まった角度に入った割れ目の存在が、これが劈開のある方解石であることを告げている。

方解石

産　地：宮城県栗原市鶯沢細倉鉱山

大きさ：写真の左右約2.5cm

多数の釘頭状結晶が平行連晶をなし、全体としてスカレノヘドロンの形態をとったもの。多様な形態であっても、同じ法則にのっとっていることが実感される。鉱物結晶学の祖、アウイRené Just Haüyが作った結晶模型にも、小さな菱面体を積み重ねてスカレノヘドロンとなることを説明したものがある。結晶学の基礎となる、同じ形のブロックが規則正しく積みあがって結晶が形成されるという着想をアウイが方解石から得たことは、科学史上のストーリーとして有名である。この標本は見ていると、それを説明するために自然が用意してくれたもののように思われてくる。

霰石《あられいし》（アラゴナイト）

鉱物趣味の世界では、霰石（アラゴナイト Aragonite）は「方解石のような、だがもう少しレア感がある」と位置づけられているだろうか。方解石と同じ成分だが、結晶構造すなわち形態の異なる鉱物だ。たしかに、方解石よりはぐっと産状の幅は狭い。しかし、蒐集物となるようなものの産地はどっちが多いか、とあらためて問われると、それは霰石のほうが少ないでしょうと答えつつ、いや方解石は鉱物種としてはありふれたものだけれど、蒐集の対象となるものだとどうだろうか、などと考え直し、少し返答に迷う。たとえば原産地アラゴン **Aragon** を擁するスペインでは、何百キロと分布する蒸発岩中に、点々と数多くの産地があるという。また、モロッコから産する霰石（下写真）なども、ずいぶんと安価に、かつ大量に売られている。

とはいえ、おそらくこれは地域的な偏りであって、霰石の産地は、方解石よりもずっと限られる。とくに日本に住む私たちにとっての霰石とは、方解石よりもよほどありがたみのあるものである。こと採集の現場ではそうだ。方解石ならば打ち捨てられるほどの結晶でも、霰石のそれは丁重に持ち帰られる。柔らかい紙にくるまれ、袋にそっと納められる。日本国内の産地の多くでは、霰石は細長い針状の結晶をなし、ちょっとした衝撃でばらばらになってしまうような、繊細なものとして産出するからだ。国内の産地は、ほぼ、

霰石
産　地：Ain Dem, Tazouta, Serfou, Morocco
大きさ：結晶集合の高さ約12cm

蛇紋岩中の割れ目か、火山岩中の空隙かのどちらかである。有名な島根県松代鉱山のものは石膏鉱床中（熱水変質を受けた凝灰岩）から産したものだが、どちらかといえば例外的なものだろう。

霰石は、方解石ほど結晶形態の変化は豊かではない。単結晶は斜方晶系に属するが、三連双晶をなし、一見すると六角柱状結晶に見えるものも多い。また、左上写真のように「鑓の穂状」と形容される独特の形態もよく見受けられる。こちらは、少しずつ歪みを持った結晶の平行連晶によるものといわれる。日本の産地、とりわけ蛇紋岩の割れ目に見いだされるものは、だいたいこの形状だ。犬牙状の方解石よりも、もっと鋭くとがった形をしている。

霰石
産　地：三重県鳥羽市菅島
大きさ：結晶の長さ約4cm

蛇紋岩化した斑れい岩の割れ目に成長した霰石。白色半透明の結晶で、おそらく天水の作用により、常温常圧下で成長したものと思われる。この標本のような両錐の結晶はたいへん得難い。斑れい岩などの超苦鉄質岩は水の添加により蛇紋岩に変化する。そして地表に露出した蛇紋岩には細かい割れ目が生じ、霰石だけでなく、アルチニ石（Artinite）など、多様な炭酸塩鉱物がそこに成長する。多くはごく細かいものだが、ときに肉眼的なサイズにもなる。アルチニ石など炭酸塩鉱物群はデゾーテルス石（Desautersite 橙～褐色）や中宇利石（Nakauriite 天青色）などをのぞき、白色半透明な地味なものだが、日本のコレクターには一定の人気がある。独特の絹糸光沢の魅力ゆえだろうか。

霰石
産　地：島根県大田市久利町松代鉱山
大きさ：高さ約10cm（台を含む）

右ページの写真のものとともに、六角柱状の三連双晶が放射状に集合し、球状となっているもの。モロッコ産のものは、近年きわめて安価に出回っている。数センチ大から、大きいものは20cmほどのものまで見かけたことがある。石灰岩中の粘土脈に産し、標本・飾り石用に採掘されている。一方、島根県松代鉱山のものは、石膏を目的とした鉱山の、やはり粘土中から産出したものだ。天然記念物に指定されているが、鉱山は閉山して久しく、現地ではまったく見られないといわれる。現在、市場に出ているものは、個人または研究・教育機関のコレクション由来のものか、古い教材用標本のデッドストックに限られる。一度、標本として選別された後のものであるためか、小さなもの、割れているものはむしろ少ない。また上品な薄紫色を帯びているが、退色しやすく、色の残っているものはより稀少である。近年高騰の著しい国産銘柄品のひとつであり、大きさや程度にもよるが、右のモロッコ産との価格差は最大で千倍にもなるだろうか。

さて、イオン半径というものがある。化学的な正確さをあえて脇へおいて、とりあえず雑にいえば、鉱物の結晶を構成する元素の「大きさ」のことである。後に紹介する「菱」の石たち、炭酸塩鉱物（これも、より正確にいえば水を含まない炭酸塩鉱物）を形づくる金属元素を、それぞれのイオン半径の順に並べていくと、カルシウムを境にして結晶構造が変わる。いまとなっては古典となった図鑑『続原色鉱石図鑑』から引用した下の表を参照していただきたい。かつての鉱物少年なら、誰もが持っているであろう図鑑の文章だ。単に科学的な事実を教えるだけでなく、格調高い文体が味わい深い。

> Mg^{+2}およびFe^{+2}は、Zn^{+2}、Mn^{+2}およびCa^{+2}とも化学的に極めて近い関係にあり、イオン半径も近似している。それ故、これ等の炭酸塩の化学的性質も互に酷似し、いずれも菱面体に結晶して類質同像の関係を示す。しかるにSr^{+2}、Pb^{+2}、Ba^{+2}などのイオン半径はこれ等に較べるとやや大きく、その炭酸塩はいずれも斜方晶系に結晶して、別種の類質異像の関係にある。
>
> しかるにCa^{+2}のイオン半径は両種の類質同像鉱物群の中間に位置するため、方解石型と霰石型の両種の空間格子を作る。この事実から分かる様に、類質同像鉱物は類似の化学成分および晶形を有する以上に、近似したイオン半径を有することを特徴とする。（木下亀城・湊秀雄『続原色鉱石図鑑』保育社、一九六三、p.222）

大雑把にいえば、ひとつひとつ積み上がって結晶を形づくる「ブロック」の大きさが

	Mg^{+2}	Fe^{+2}	Zn^{+2}	Mn^{+2}	Ca^{+2}	Sr^{+2}	Pb^{+2}	Ba^{+2}
イオン半径	0.78Å	0.82Å	0.83Å	0.91Å	1.06Å	1.27Å	1.32Å	1.43Å
方解石型炭酸塩	菱苦土鉱	菱鉄鉱	菱亜鉛鉱	菱マンガン鉱	方解石			
霰石型炭酸塩					霰石	ストロンシウム鉱	白鉛鉱	毒重石

木下亀城・湊秀雄『続原色鉱石図鑑』保育社、1972、p.222
炭酸塩鉱物を金属元素のイオン半径順に並べた表。

大きくなると、方解石型の構造では収まらなくなり、霰石型という別の構造になるわけである。方解石、霰石ともに炭酸カルシウムからなる。このように、同一の成分でありながら結晶構造の異なるものは「多形 **polymorphism**」と呼ばれる。鉱物趣味の世界では、この古い用語である「同質異像」のほうがよく使われている。

ところで、「菊花石」というものがある。

昭和11年（一九三六年）に世に出て以来、たいへん珍重されている美石である。濃緑色や赤褐色の地に現れる白色放射状の模様を菊花に見立てたものだ。岐阜県根尾村の「根尾菊花石」を元祖に、群馬県下仁田、東京都奥多摩などからの産出が知られている。「菊花」は鉱物としては方解石または石英であるが、その形状から霰石の仮晶ではないかと推測されている。菊花だけが抜け落ちた「菊玉」と呼ばれるものを見ても、なるほど、この後で見るような霰石の放球状集合とたいへんよく似ている。

美石としては、最も著名な菊花石だが、なぜか鉱物学的、地球科学的な検討はほとんどされてきていない。また、鉱物コレクターで菊花石を所有している人もまずいない。さらに、アカデミックな場での記述になるほど、現物の観察から離れた、事実と違うものとなっていたりする。どうやら「鉱物」とは見なされていないようなのだ。「だって、あれは水石でしょう?」と小馬鹿にしたように言う御仁もいる。とはいうものの、では実際に菊花石を観察したことのある人はといえば、これまた少ない。最初から関心の外となっているようなのだ。

だが、あらためて菊花石の現物を手に取ってみたならば、「菊花」に結晶面が認めら

いわゆる「菊玉」
産　地：岐阜県本巣市根尾初鹿谷《はじかだに》
大きさ：写真の左右約5cm

「菊玉」の破面を軽く塩酸で処理し、「菊花」をはっきり見せたもの。方解石は溶け去り、石英からなる「菊花」が浮き出ている。91ページの写真の霰石と見比べてみて欲しい。

れることに気づくだろう。端面を持っているものもある。仮晶であれ、やはりこれは鉱物であろう。筆者（伊藤）は、ミネラルショウで購入した下仁田菊花石の「地」の部分を少し欠き、母校の研究室にX線回折分析を依頼したことがある。緑色に見えるその部分は、銚子や恋路の霰石に随伴するものと同じく、セラドン石グループの鉱物であった。また、全国に分布する菊花石の産地は、どうやら中生代の付加体という地質的な共通性を持っているようである。ミネラルショウには、必ず美石・水石店の出展があり、どこかが必ず菊花石を置いている。また、名石とされるような菊花石は、たいへん美しく見事なものだ。美石として珍重されているため高価なことが多く、私たちにはおいそれと手を出しづらいものだが、一度、菊花石を見直してみるのも一興だろう。

「菊花」と似た霰石の放射状集合は、日本各地の安山岩〜玄武岩質溶岩の空隙から産出が知られている。なかでも、石川県恋路産、千葉県銚子市産のものはたいへんよく似た外観と産状を持っている。これらの霰石を生んだ火山岩は、いずれも「高マグネシア安山岩」と呼ばれるもので、約二五〇〇万年前という、ほぼ同じ地質時代に噴出したものだ。遠く離れた場所に似通った岩石が見られることについては、当時のフィリピン海プレートの潜り込みというモデルで説明がされている。一方、長崎県壱岐の霰石は、もっと新しい時代のものだが、やはり高マグネシア安山岩中に産する。この符合は偶然ではなく、マグネシウムイオンの存在下では、炭酸カルシウムが霰石として晶出しやすいことが実験的に確かめられている。風化した蛇紋岩から霰石が産出するのも道理であるわけだ。

霰石
産　地：長崎県壱岐市郷ノ浦町長峰本村触《ふれ》
大きさ：写真の左右約3.5cm
この画像では、霰石が空隙を充填している。色彩はやや淡く、空隙の内壁にはやはりセラドン石 Celadonite が伴われる。この産地の存在は1960年代後半に知られるようになった。新生代新第三紀から第四紀のもの。

霞石

産　地：石川県鳳珠郡能登町恋路

大きさ：写真の左右約3cm

淡桃色透明な結晶集合。古くからコレクターの間では「銘柄品」とされた。恋路のものは、球形に近い空隙であることが普通である。対して、下の銚子のものの場合は、細長く伸びたものや不定形の空隙が多い。

霞石

産　地：千葉県銚子市長崎町長崎鼻

大きさ：写真の左右約6cm

わずかに桃色を帯びた白色半透明結晶の集合。放射状集合の形態が立体的に分かる標本を素材に選んでみた。恋路、銚子の両産地では、霞石の外見や母岩だけでなく、重晶石 Baryte やセラドン石、灰十字沸石 Phillipsite など随伴する鉱物も似通っている。

玄能石

古代人の用いた石器を思わせる不思議な石。

かつてある大学の人類学教室で、石器時代の遺物と間違われ、陳列されていたこともあったという。日本では中生代白亜紀～新生代新第三紀にいたる、泥岩や頁岩などの堆積岩中に産出する玄能石は、いちおう何かの結晶のように見えるが、内部は細粒状の方解石と雑物の塊である。

霰石の項で軽く触れている菊花石と同様、炭酸塩鉱物の仮晶とされてきた「奇石」でありながら、なぜかこちらは鉱物コレクターにも比較的人気が高い。

かつてはゲイリュサック石（Gaylussite）の仮晶とされ、現在ではイカ石（Ikaite）の仮晶[1]であるとの説が有力だ。一九八二年、ドイツの調査船が南極沖の海底堆積物中から、6.5 cmのイカ石の結晶を採取したことがある。それは透明感のある結晶だったが、ただちに不透明で粒状の方解石と水に分解し、ばらばらになってしまったという。幸い写真が撮影されており、その写真と各地の「玄能石」の形状を比較したところ、よく似ていることが分かったのだそうだ。

実はこの玄能石、日本にとどまらず、ロシア、デンマーク、オーストラリア、イギリス、カナダ、アメリカなど、多くの国からの産出が知られている。面白いのは、それぞ

[1]仮晶
ある鉱物の結晶外形が保たれたまま、別の鉱物の集合に変化したもの。分子配列の変化により、成分には変化がないもの、成分の一部の増減が見られるもののほか、まったく別の成分の鉱物に置き換えられているものなどがある。鉱物学などアカデミックな場では「仮《か》像《ぞう》」という同義語のほうがよく用いられるが、なぜか鉱物趣味の世界では昔から「仮晶」と呼ばれる。pseudomorphの訳語。

玄能石

産　地：長野県上田市郷戸

大きさ：玄能石の長さ約10cm

明治期に活躍した異色の教育者、保科五無斎（1868～1911）により「玄能石」と命名された、いわば「元祖」である。現在にいたるまで産出を続け、最大30cmにもおよぶものが知られている。数cmから10cm内外のものが多くみられ、小さいもののほうがむしろ稀という。新生代新第三紀の泥岩層からの産出。ここのものは、比較的暗色である。

玄能石

産　地：Olenitsa Village, Kola Peninsula, Russia

大きさ：写真の左右約4cm

新生代第四紀完新世以降のもの。現世のものもあるといわれる。北海に面した海岸の泥のなかに大量に見られるようで、現在、ショップなどで最も出回っている「グレンドナイト」であろう。泥岩からなるノジュールに包まれたり、貝化石を伴ったりすることもある。

れに、形態から（Thinolite 鋭く尖った錐状の意。アメリカ）、あるいは産地の地名（Fundylite カナダ、Glendoite オーストラリア、Jarrowite イギリス）による名前を持っていることだ。

日本の場合は形からの命名で、玄能（鎚のこと）石とされているが、最初に発見されたものは先端が欠けていたのかもしれない。いずれにしろ、日本の玄能石のラベルに英語表記を添えるのならば、ご当地色豊かに、ぜひGennoiteと書いてもらいたいものだ。

さて、玄能石の形・産状にはいくつかのパターンがある。

まず、単晶（といってよいのかどうかは分からないが）で出る場合と、二本あるいは複数が組み合わさって産する場合があり、とくに後者は手裏剣やいが栗のような、まことに楽しい格好をしている。次に産状であるが、母岩中に直接埋没しているものと、ノジュール（堆積岩中に生じる硬い団塊）に包まれているものとがある。

ことノジュール中の玄能石は、不思議なことに筆者の知る限り例外なく先端部がノジュールからはみ出している。そのため、姿が鳥の頭のようであったり、まるでおでんのウインナ巻きみたいだったりと、見ている者の童心を呼び起こしてくれる。こうした点は、玄能石を持つ楽しみのひとつである。

とはいえ、玄能石が人の目を惹きつけてやまないのは、それだけの理由であろうか。

筆者は、これは玄能石の持つ謎の多さゆえではないかと考える。仮に玄能石の鉱物としての成因・種別が明らかになったとすれば、国際的にラベルの名称は統一されるだろ

ノジュール中の玄能石
産　地：北海道三笠市幾春別《いくしゅんべつ》
大きさ：標本の左右約20cm

アンモナイトの産地として名高い夕張地域は、また玄能石の産地としても知られる。この地域の玄能石は、アンモナイトと同様、ノジュールに包まれて産出する。比較的大型のものが多いが、ノジュールが堅牢であるため、全体を掘り出すことはたいへん困難である。ノジュールから飛び出した先端の位置から、複数の個体が交差した形態と思われるものも少なくない。アンモナイトを扱う業者から市場に出てくることが通例。中生代白亜紀の地層より産出といわれるが、転石となっているノジュールが拾われているため、詳細は不明。

う。そして、それぞれに呼び習わされた名称はただの俗名とされ、いま玄能石を手にしている我々が感じているロマンめいた魅力は、失われてしまうのではないだろうか。

玄能石の成因を知りたいという好奇心はある。だが、科学的なものからオカルトよりのものまで、諸説が同居している現状というのも、失いたくない気持ちもある。

玄能石に限らず、いわゆる奇石のたぐいには、いまだ正体のよく分かっていないものがある。形態の面白さ、いいかえれば見てすぐ「変わったものである」という判断が働くという分かりやすさの故に、逆に学問的な研究に向かう関心を呼び起こしにくく、きちんとした研究があまりされていないのかもしれない。

玄能石の形態は、結晶のようで結晶でなく、不定形にも、規則性があるようにも見える。それは、印象のうえでは「鉱物」と「鉱物ではない、ただの岩石」のどちらとも認識されるものだ。先に記したような、なんらかの鉱物の仮晶とする説に異論が出るのも、おそらくはそのためである。たとえば、結晶学的に記述し得るほど明確な「結晶面」は玄能石にはない。だからこそ、生物の遺骸だとする説や、何らかの堆積構造であるという推測もなされる。しかし、それでもこの形状は、私たちが持つ「結晶鉱物」のイメージとも結びつく。そういえば、ロシア人業者たちは、コラ半島産の**Glendonite**（どういうわけか、この名称がよく用いられる）を、よく十字石や黄鉄鉱団塊など、形態を楽しむ「奇石」的な鉱物と一緒に並べている。

一方、玄能石の「もと」と目されているイカ石については、近年、国際的な合同研究

ノジュール中の玄能石
産　地：愛知県知多郡南知多町小佐《おざ》
大きさ：標本の左右約7cm

新生代新第三紀の泥岩中のノジュールから丁寧に掘り出したもの。この標本は、名古屋の即売会で化石コレクターから購入した。カニなどで著名な化石産地であるが、玄能石とカニ化石が同一の層準から産したかどうかは不明。いまのところ日本で知られた玄能石の「南限」のものである。

が行われている。コペンハーゲン大学による研究の様子を、ウェブで見ることができる（http://www.geocities.com/RainForest/Vines/1486/natural.htm）。イカ石は方解石に水が加わった組成の鉱物で、グリーンランドのイカ・フィヨルドから最初に記載された。氷点に近い温度の水中で生成すると考えられており、摂氏3度を超えると分解する。

一方、古くから日本の玄能石の産地には「南限」があることが知られている。現在のところ、愛知県南知多町より南では見つかっていないのだが、イカ石説と「南限」の存在は矛盾しない。

なお、前記のウェブサイトでは、glendoniteの原鉱物をイカ石とする説を紹介しつつ、確たる証拠は得られていないと記している。

玄能石

産　地：福島県いわき市内郷綴町《ないごうつづりまち》

大きさ：写真の左右約10cm

この産地のものは、国産では破格にシャープな外形を持つ。新生代新第三紀の泥岩層から産出する。比較的明るい灰色がかった色調も当地産の特徴であろう。

東京の玄能石

産　地：東京都あきるの市館谷

大きさ：写真の左右約4cm

おそらく東京都心から最も近い鉱物産地のひとつ。やはり新生代新第三紀の泥岩層からの産出。ここのものは、暗色で比較的小ぶりのものが多いようだ。かつて存在だけが知られ、現地の確認されない「幻の産地」とされたこともあった。

「菱」の石たち

さて、方解石には、似通った外観を持つ一群の鉱物がある。菱《りょう》マンガン鉱、菱苦土石《りょうくどせき》、菱鉄鉱、菱亜鉛鉱《りょうあえん》といった、和名に「菱」の字を持つものたちだ。もうひとつ、苦灰石《くかいせき》（ドロマイト）がある。これらの鉱物に共通するのは、金属の炭酸塩鉱物であること。「方解石」という名称は成分と関係なくつけられており、なおかつ「菱」の字が入っていないが、ほかの種の和名は、字面を見れば何の金属の炭酸塩か分かるようになっている。実は、「方解石」という和名は、もともとほかの鉱物の呼び名だったものが混同された結果なのだ。むしろ「菱灰石」というほうが正しくはある。なお、「苦土」というのはマグネシウムのことで、「苦灰石」は、マグネシウムと「灰」、すなわちカルシウムの両方を成分としていることを示している。漢字の表意文字としての機能をうまく使った合理的な命名といえよう。

「菱」の字は、これらの鉱物が菱面体《りょうめんたい》の結晶を基調とすることを表す。また「菱」が頭についていれば、その鉱物はカルサイト・グループに属する金属の炭酸塩だと分かる。**Spherocobaltite** は「菱コバルト鉱」と呼ばれるし、**Gaspéite** を「菱ニッケル鉱」と呼ぶこともある。また名前に「菱」の字を冠さない「苦灰石」は、菱面体を基調とするが、結晶学的にはカルサイト・グループと異なる構造をとっている。余談だが、イギリスの一般向け鉱物図鑑の日本語版で、「菱コバルト鉱」と訳すべき **Spherocobaltite** を、「スファエロ輝コバルト鉱」と訳したものがあった。でたらめである。たしかにcobaltiteは「輝コバルト鉱」という鉱物の英名だが、和名の頭につけられる「輝」とは、「菱」と同様、慣習的に「金属の硫化物であること」を示すものだ（例外はある）。鉱物のことを知らない人が、あまり調べず翻訳した結果だろう。

ついでなので、もう少し鉱物種と命名についての話を続けよう。方解石の項ですでに記した通り、多くの場合、方解石のカルシウムイオンをほかの金属イオンが置き換えることでさまざまな色彩が生じる。なかでも、マンガンはどんな割合でもカルシウムを置き換えられることが分かっている。カルシウムをどんどんマンガンで置き換えていったら、それにつれて色も濃くなっていくと考えられる。しかし、マンガンが50％を超えたところで、それは方解石ではなく、菱マンガン鉱と呼ばれることになる。鉱物種の命名法は、このように取り決められている。これを「50％則」という。たとえば、マンガンが45％でカルシウムが55％であれば、それは「マンガンに富む方解石」だし、逆にマンガン60％カルシウム40％ならば、それは「カルシウムの多い菱マンガン鉱」である。

実際には、鑑賞物になるような質のものでは、カルシウムとマンガンを半々近い比率で含む場合はあまりないと思うが、元素の存在比を定量分析によって測定しないと鉱物名を決められないことはままある。単純な50％則による場合のほかにも、鉱物名が結晶構造と化学組成によって定義されている以上、機器分析なしに鉱物名を決められないことは多い。コラム2でも触れていることだが、このことは憶えておいてもらいたい。

説明をシンプルに進めるために、「菱」の石たちを、「色のないもの」と「色の濃いもの」にとりあえず分けてみる。菱苦土石と苦灰石（ドロマイト）が「色のないもの」、菱マンガン鉱と菱鉄鉱が「色の濃いもの」である。もっとも、菱苦土石、ドロマイトともに真に白色、無色透明なものはむしろ少なく、淡黄緑色や淡緑色であることのほうが多い。なかには、鮮やかで魅力的なバラ色のものもある。だがこれは、本来の成分ではなく、コバルトやマンガンをわずかに含み、着色されたものだ。一方、「色の濃いもの」である菱マンガン鉱と菱鉄鉱は、それそのものの色がそれぞれ、鮮やかなピンク色と褐色である。ただ、菱鉄鉱の「色」は、鉄の酸化状態とも関わってくる。それについては後に述べる。

鉱物趣味を続けていると、元素の種類と鉱物の色や雰囲気が、感覚として結びついてくる。一般には観念的にしかとらえられていない「元素」が、目で見て手で触ることのできる「モノ」としっかり結びついて認識される。これは、ある意味で鉱物趣味の効用のひとつに数えていいと思うのだけれど、これら炭酸塩鉱物は、その感覚を説明するには手ごろなものだろう。カルシウム、マグネシウムは「白いもの」であり、鉄やマンガンは「色のついているもの」である。炭酸塩だけでなく、珪酸塩でも同様にカルシウム、マグネシウムを主成分とする鉱物はたいがい白色である。

苦灰石（ドロマイト）と菱苦土石（マグネサイト）

ラベルに鉱物名を書くときには「苦灰石」と書くが、口に出して言うときには「ドロマイト」という。「マグネサイト」も同様。何となくラベルには「菱苦土石」と書きたくなる。鉱物コレクション世界では、そんな感覚で使われるのではないかと思う。もっとも、そうではない、「菱苦土鉱」だという意見もある。動物や植物と違い、鉱物の和名には、統一的な基準となる「標準和名」は存在しない。むしろ日本学術会議が戦後、カタカナ表記による鉱物名（ホウカイ石、オウテッ鉱など）を標準名としようとして、定着しなかったことのほうが記憶されている。そのための混乱もあるといえばあるのだが、さほど困ったという記憶はない。少なくとも趣味の範疇では、むしろ語彙の豊かさとでもとらえておいたほうが気楽で良いように思う。いざとなれば英名を参照すればよい。この本で、鉱物名そのほかの語について、できるだけ英名を添えているのは、そのためである。

さてドロマイト **Dolomite** は、先にも記したように菱面体を基本形とするが、結晶構造は方解石グループとは異なる。とはいっても、外見はよく似ており、劈開もはっきりしている。さらに、方解石が石灰岩を作るように、苦灰石も苦灰岩を作る。ここが少しややこしいのだが、苦灰岩のことを「ドロマイト」ということがある。正しくは「ドロ

「白雲石《はくうんせき》」

産　地：新潟県新発田市飯豊《いいで》鉱山

大きさ：写真の左右約3.5cm

純白の結晶が盛り上がるように群晶をなし、ドロマイト特有のテリとあいまって、豊かな存在感をみせる標本。飯豊鉱山は、スカルン中の鉛・亜鉛、鉄などを採掘した鉱山だが、美麗なドロマイトを産したことでも知られる。ドロマイトには苦灰石のほか「白雲石」という別名がある。この産地のドロマイトはかつて美石として流通したが、そこではより典雅な雰囲気の「白雲石」の名が使われたようである。

「ハーキマーダイアモンド」に伴うドロマイト

産　地：Harkimar Co., New York, USA

大きさ：写真の左右約2cm

美しい光輝で著名な「ハーキマーダイアモンド」と呼ばれる水晶に伴われるドロマイトの結晶。この写真のフレームの外になるが、同じ空隙には径5cmを超える見事な両錐の水晶が存在する。ハーキマーの水晶は苦灰岩中の空隙に産する。苦灰岩のもとは約５億年前の浅い海に生息していた珊瑚礁やストロマトライトと考えられている。その有機物を多量に含んだ遺骸が地下深くに潜り、地熱と圧力で分解して生じた有機酸が苦灰岩を溶かし、空隙を作ると同時に、有機物の関与により石英分が水に溶けやすくなったため水晶が晶出したと推測されている。

ストーン　Dolostone」だが、たとえば「ドロマイト鉱山」という呼称はよく用いられている。苦灰岩を採掘する鉱山は日本各地にあるが、コレクションの対象となるような美しい結晶を産したという話は、少なくとも国内では、寡聞にして知らない。この点は、ときに魅力的な方解石を産する石灰石鉱山との違いとしていいかもしれない。

見た目で分かるドロマイトと方解石との差異は、まずテリだろう。ドロマイトのほうがテリが強く、かつ、いくぶん真珠光沢よりとなる。また苦灰岩や無垢の塊、単結晶などドロマイトのみからなるものであれば、比重の違いでも判別できる。ドロマイトのほうが方解石より重い。解説書では、塩酸との反応の違いがまず説かれているが、方解石は、薄い塩酸でも触れた途端に勢いよく発泡する。この手の鉱物でこれほど反応するのは方解石だけである。

ドロマイトの屈折率は方解石よりも高い。よく、屈折率が高いとテリも強いと言われ、たしかにその傾向はあるが、テリの強さに関しては、屈折率の違いよりも結晶の表面の状態や集合形態のほうが強く影響する。同じ種の鉱物であれば、屈折率は変わらないのだが、たとえば方解石の結晶でも、ほとんど光沢のないものから、強いテリを見せるものまでが存在する。とはいえ、いかに表面のよく輝く「テリの強い」方解石であっても、やはりドロマイトのテリとは本質的に違う。ドロマイトのテリは、「油ぎっている」とか、あるいは「強く輝いて、値打ちがあるように見える」（堀秀道『楽しい鉱物図鑑』p.85）といった形容がなされる。堀秀道氏のこの形容からも、ドロマイトの魅力といえば、独特のテリと認識されていることがうかがえる。

変成岩中のドロマイト
産　地：長崎県長崎市三重町
大きさ：写真の左右約4cm

緑泥片岩中の斑状変晶（変成作用による再結晶で周囲よりも大きく成長した結晶）。独特のテリにより、一瞥して方解石とは区別できる。こうした産状のものには菱苦土石があるが、残念ながらこの標本はドロマイトであった。若干鉄などを含むようで、薄い褐色をしている。

国産のドロマイトでは、小結晶の集合がポピュラーである。比較的大きなサイズの劈開片（最大で10cm近くにもなるそうだ）が、茨城県長谷《はせ》などで知られているが、美麗で大きな単結晶というと、おそらく得られていない。一方、海外（たとえば、スペイン、ブラジル）には、透明な美結晶がある。なかには20cmにおよぶ大結晶も知られている。また、双晶も普通にある。手元にある国産の群晶のなかにも、実はツインがあるのかもしれない。

ドロマイトで魅力的な産状に、熱水鉱脈鉱床などの末期生成物がある。テリのよい小結晶の集合が、水晶や方解石の上を覆っているようなものだ。近年だと、105ページに写真を掲げた **Boldut** 鉱山（ルーマニア）産のものを市場で見かける。国内では、101ページの写真の新潟県新発田市飯豊鉱山のほか、埼玉県秩父市秩父鉱山のものが知られている。ほかに国内産でよく知られたものの産状には、超苦鉄質岩中のレンズ（茨城県常陸太田市長谷）、輝緑凝灰岩中の脈（愛知県豊川市照山）などがある。

一方のマグネサイト **Magnesite** は、やはり方解石よりも強いテリと、高い比重を持つ。ブラジルやスペインなどからは、透明で魅力的な大型結晶を産する。

岩石としては石英—菱苦土石岩（**Quartz magnesite rock**）を作る。この岩石は、日本では静岡県静岡市葵区口坂本などで知られており、河床で丸く円磨されたものが、美石として売られているのを見かけたこともある。クロムを含んだ鮮緑色の粘土鉱物を伴うものである。海外産のもの（ニュージーランドなど）では、貴石として扱われることもある。鮮やかな黄緑色が印象的な、わずかに透明感のある不透明石だ。

マグネサイトの日本での産出は、ドロマイトと較べてもたいへん少ない。前出の産地、静岡市口坂本では、一九七〇年代に商業的な採掘が試みられたとのことだが、やはり果たせなかったという。

よく知られている産地に、和歌山県天皇浜がある。これは、炭酸塩岩化した超苦鉄質岩中の空隙に小結晶をなすものだ。ほかに、緑色片岩中の変斑晶が知られている。この産状のものには、高知県瓜生野などに記載がある。

「アーティチョーク水晶」を覆うドロマイト

産　地：Boldut Mine, Cavnic, Maramures Co., Romania
大きさ：結晶の高さ約10cm

見事なドロマイトの「かぶり」を持つ「アーティチョーク水晶」（第1章16ページ参照）。カヴニック地域では、中世から採鉱が断続的に行われ、黄銅鉱、閃亜鉛鉱、輝安鉱などの結晶や、水晶を産した。なかでもBoldut鉱山は、カヴニック地域最後の鉱山で、2007年9月まで稼行された。カルパティア山脈の火山列に伴う熱水鉱床とされ、水晶は、写真のような美しいアーティチョーク型のほか、硫化鉱物による着色とされる独特の煙水晶が知られており、その多くはドロマイトなど炭酸塩鉱物の「かぶり」を持っている。
炭酸塩鉱物が水晶や金属鉱物の「かぶり」となることは、こと熱水鉱床ではよく見られ、ドロマイト、方解石、菱マンガン鉱、菱鉄鉱のほか、アンケル石 Ankerite などの鉱物種が知られている。写真の標本も、水晶の形態、かぶりともども「熱水鉱床で生まれました」と主張しているかのようだ。

菱亜鉛鉱（スミソナイト）

「菱」のなかでは最も雰囲気を異にする。一般に亜鉛鉱床の酸化帯で、閃亜鉛鉱などほかの亜鉛鉱物の風化によって生じるとされる。こうした産状の違いが、ほかの「菱」たちと趣きを変えている。褐鉄鉱など、伴われる鉱物の違いによる石全体の印象もそうだが、シャープな結晶形をとることが少ないことも、菱亜鉛鉱のイメージを決定づけているだろう。もっとも、ナミビアのツメブ Tsumeb 鉱山のもののように、明瞭な菱面体の結晶のものもある。それを見ると、なるほどドロマイトやマグネサイトの仲間だと思える。テリの感じや質感も、ドロマイトやマグネサイトに近いものに感じられる。

とはいえ、普通は菱亜鉛鉱 Smithsonite といえば、皮膜状や葡萄状、もこもこした小結晶の集合で産出することが多い。こうしたものは「お菓子の求肥のような」と形容される、半透明の独特の質感を特徴とする。また単結晶でもエッジの甘い、丸みを帯びた膨らんだ形が見られる。ある研究者の方は、それを「道明寺のよう」と評した。いずれにしても、炊いた澱粉にたとえているのが面白い。ウェブで各国から産出する菱亜鉛鉱の画像を見ても、たしかにほとんどのものが、ややしっとりした質感の、丸みを帯びた形状のものか、もこもこした集合になっている。また、植物の芽を思わせる形状も、この鉱物に特有のものとしていいだろう。

こうした形態上の特徴については、菱亜鉛鉱の性質と結びつけた説明がされている。菱亜鉛鉱には、純粋な炭酸亜鉛からなるもの（端成分という）がほとんどなく、鉄、マンガン、カルシウム、マグネシウム、鉛、銅、カドミウムなどの不純物が含まれる。これらの複数の金属イオンが結晶形成の当初から関与するわけだが、イオンの種類が多く複雑であるため、結晶形成開始時点でのイオン比率が成長の続く間ずっと保たれたままである確率は低いと考えられる。この変化により結晶成長が狂ってしまい、結晶は大きくならず、形も歪むという説である。これには産状も関係しているのだろう。一般に亜鉛鉱床は銅や鉛などの金属を伴い、その酸化帯では亜鉛以外の金属イオンもともに天水に溶かされ、二次的に沈殿するからだ。

世界的には、メキシコのものが昔から有名で、いくつかよく知られた産地がある。また美麗なものに限っても、前述のツメブ鉱山や、アメリカ、ドイツ、フランス、オーストラリアなど産地は多い。亜鉛の二次鉱物としてはむしろ普通のもので、水亜鉛土、異極鉱といった鉱物とともに「カラミン」[2]と呼ばれる塊状の鉱石を形成することがある。閃亜鉛鉱の精錬ができなかった近世以前は、このカラミンが亜鉛の主鉱石であった。というよりも、亜鉛が単体の金属として利用できるようになったのは、かなり時代が下がってからのことで、それ以前は、水亜鉛土や菱亜鉛鉱のような炭酸塩鉱物を銅とともに焼成し、黄銅（銅と亜鉛の合金）として利用していたのである。

水亜鉛土 **Hydrozincite** とは、亜鉛の炭酸塩に水がついた組成の鉱物で、多くは白色土状の外観で産出する。結晶は繊維状、毛状の繊細なもので、柔らかく酸にも溶けやす

[2]カラミン
Caramine 水亜鉛土、菱亜鉛鉱、異極鉱からなる主に白色の亜鉛鉱石の総称。現在「カラミン」といえば酸化亜鉛からなる薬物のことを指すが、かつて、亜鉛の炭酸塩鉱物（菱亜鉛鉱、水亜鉛土）と、酸化亜鉛（鉱物名でいえば紅亜鉛鉱）、珪酸塩（主に異極鉱、あるいは珪亜鉛鉱）との区別がつく以前は、真鍮を製造するのに用いた亜鉛鉱石をまとめてこう呼んだ。

い。漢方ではこの鉱物を「炉甘石《ろかんせき》」と呼び、日本では江戸時代よりこれを梅肉や食塩とともに布に封入し、清水中でもみ洗いした水を目洗薬として利用してきた。江戸で名高い井上目洗薬では、中国四川省産のものが用いられていたが、この「炉甘石」は分析の結果、まさに水亜鉛土であった。

炉甘石と目洗薬のくだりは、益富寿之助『石 昭和雲根志』（白川書店、一九六七）に典拠をとった。益富寿之助氏は、京都の大コレクターにして薬学者であり、本草学、薬石研究の大家であった。氏の業績は財団法人益富地学会館という形で継承され、コレクションの一部は現在でも一般に公開されている。『昭和雲根志』は、鉱物学的な知見だけでなく、広く和漢の教養に裏打ちされた奇石・鑑賞石の解説書として名高い書である。この本のなかで益富氏は「日本のような露天化作用の浅い国では出来にくい。出来ても標本程度で貧弱である」（p.162）と記されている。たしかに、水亜鉛土、菱亜鉛鉱ともに、日本では酸化帯の鉱石の表面に、わずかに白い皮膜が載っているようなものが一般的である。古標本のなかに立派なものが若干あるが、国産の菱亜鉛鉱というと、水亜鉛土ともども金属鉱山のズリでわずかに見られる白っぽい皮膜状のものというのが鉱物趣味人の間では「常識」とされてきた。ところが、実際はそうではない。富山県、立山連峰にほど近い亀谷《かめがい》鉱山で比較的まとまった量の産出をみている。

“炉甘石”（菱亜鉛鉱と水亜鉛土）

産　地：富山県富山市亀谷 亀谷鉱山ホコラ坑

大きさ：写真の左右約9cm

水亜鉛土と霰石からなる標本。天水の作用で表面が溶け、全体の層状構造がよく分かる。標本の上から約４分の１ほどがほぼ純白の水亜鉛土からなり、その下側に見える繊維状の部分と、標本下部のやはり繊維状の部分はアラレ石である。また上下を霰石にはさまれ、何層にも重なった水亜鉛土の薄層が標本中央に見える。また標本下部右側にはわずかに菱亜鉛鉱が伴われる。地表付近で生成したものと推測され、あるいは石灰岩の隙間に鍾乳石のように出来たものかもしれない。亀谷鉱山の沿革は古く、慶長年間には銀山として最盛期を迎えているが、はたしてこのような鉱石が「炉甘石」として利用されたかどうかは詳らかではない。

菱亜鉛鉱

産　地：富山県富山市亀谷
　　　　亀谷鉱山ホコラ坑

大きさ：写真の左右約10mm

下の写真と同様、ほぼ菱亜鉛鉱からなる、やや風化した塊状鉱石の割れ目に二次的に生じた小結晶群。結晶成長に伴う狂いが大きくなり、エッジがすっかり丸くなっている。和菓子の「道明寺」のようと表現される質感がよく分かる。

菱亜鉛鉱

産　地：富山県富山市亀谷 亀谷鉱山ホコラ坑

大きさ：写真の左右約5mm

菱面体が伸びた柱状結晶を基本とする白色の自形結晶。細かい平行連晶を繰り返し、わずかな方位の狂いからややツイストしたような形にみえる。ほぼ菱亜鉛鉱のみからなる鉱石の割れ目に二次的に生じたもの。端成分に近い組成のものと考えられている。異極鉱Hemimorphite など亜鉛の二次鉱物を伴う。

菱亜鉛鉱

産　地：富山県富山市亀谷 亀谷鉱山ホコラ坑

大きさ：写真の左右約2cm

細かい菱亜鉛鉱の結晶が集まり、菱面体を形づくっている。よく観察すると、菱面体を構成する結晶群に方向性がないことが分かる。形状から方解石の仮晶と推測される。周囲の塊状の部分も、ほぼ菱亜鉛鉱。亀谷鉱山は、飛変成帯の石灰珪質片麻岩中に胚胎するスカルン鉱床で、母岩は結晶質石灰岩（石灰質片麻岩）である。つまり、方解石の大きな結晶からなる岩石を母岩としている。

亀谷鉱山の水亜鉛土は、放射状の霰石を伴う純白の塊で産した。一部の空隙には細かい毛状の結晶が見られるような立派なものであった。晩年の益富氏はこれを見て「やはり日本にも炉甘石があった」と喜ばれたという。ここの水亜鉛土は櫻井鉱物コレクションには収蔵されており、図鑑にも掲載されていたが、長らく「幻」とされてきた。鉱山が急峻な山地にあったためだろうが、それが昭和の終わりごろから採集者が訪れるようになり、人々の目に触れるようになったのである。

亀谷の菱亜鉛鉱は日本では特異なものといってよく、石灰岩を交代した塊で産した。緻密な塊もあれば、空隙が多くそこに葡萄状の小結晶の集合が密生しているもの、がさがさの褐鉄鉱（ボヤという）の空隙に小さな結晶をなすものと、さまざまな形態のものがあって楽しい。とくに葡萄状の集合、まさに「求肥《ぎゅうひ》のような」ものであり、先に紹介した「道明寺のよう」という形容は、研究者の方から現場でお聞きしたものだ。酸素同位体比の分析によれば、ここの菱亜鉛鉱の生成温度は25度から30度程度と見積もられており、地表でできたものと考えられているそうだ。それを支持するように、方解石の菱面体結晶を置き換えた仮晶も得られている。菱亜鉛鉱の無垢の塊は、一見すると石灰岩のようだが、手に取るとずしりと重く、外見とのギャップを感じさせる。だが、売り立てなどではこれを手に取りながら「どこについているんですか」と尋ねられることが少なくない。全部がそうですよと答えても、なにか腑に落ちないような顔をして行ってしまう。

菱マンガン鉱（ロードクロサイト）

金属資源として採掘される「鉱石鉱物」のうち、菱マンガン鉱 Rhodochrocite は最も美しいものである。色彩の美しさを身上とする。この本でも、写真はできるだけカラー中口絵に掲載した。

人々に好まれる鉱物には、地域によって多少の変化があるものだが、この菱マンガン鉱はおよそすべての国々で賞賛されるものだろう。

世界で知られた有名品には、米国コロラド州、スイートホーム鉱山 Sweet Home Mine の色鮮やかな菱面体大結晶、アルゼンチン、カピリタス鉱山 Capillitas Mine から産した、鍾乳石状で美しい同心円の断面を見せるいわゆる「インカローズ」、南アフリカ、カラハリ砂漠のヌチュワニンI鉱山 N'Chwaning-Mine から80年代の一時期に産した、目を見張るような真紅の犬牙状結晶などがある。これら世界銘柄品は、アメリカ人に人気のある種類ということもあり、おそろしく高価なものとなっている。

国産の菱マンガン鉱では、現在でも目にする機会があり、質も高いという点で、北海道稲倉石《いなくらいし》鉱山のものと、青森県尾太鉱山のものが双璧をなすといえるだろう。稲倉石鉱山の菱マンガン鉱は、肉厚の層状構造を持つ「インカローズ」様のものと、菱面体または陣笠状結晶の集合で形態の美しい二つのタイプが知られている。また、ここの菱マンガン鉱の特筆すべきところは、硫化鉱物といっしょに銀の鉱物（銀四面銅鉱、濃紅銀鉱

菱マンガン鉱
産　地：北海道余市郡仁木町然別《しかりべつ》鉱山
大きさ：写真の左右約3cm

菱マンガン鉱は派手な紅色、桃色ばかりが印象に残ってしまい、肉眼での同定も色彩にばかり頼ってしまっているが、色を取り払ってしまうと質感にも特徴が見てとれる。モノクロでの菱マンガン鉱の質感は、方解石とは異なり、むしろ菱苦土石に近いものがある。

など）を伴うことがあることで、目で確認できる立派なものは、標本として珍重されている。

青森県尾太鉱山の菱マンガン鉱は、微細な結晶の集合体が、閃亜鉛鉱・黄銅鉱・黄鉄鉱・水晶などを伴って、すばらしい美しさを見せてくれる。ほかの鉱物（おそらく方解石）を覆って菱マンガン鉱が成長し、その後、下の鉱物が溶け去り、空洞化した「抜け殻」の菱マンガン鉱は、その姿から「山サンゴ」とも呼ばれ、入道雲のように盛り上がった仏頭状のものと並んで尾太鉱山の目玉標本となっている。標本は海外にも渡り、高く評価された。

さて、尾太鉱山は非常に大型で美麗な鉱物標本（飾石）が、多数現存していることで知られている。

「あれほど美しい坑道はほかに見たことがない」

とは、かつて尾太鉱山に関係のあった人の弁だが、とても晶洞の多い、結晶鉱物の豊かな山であったようだ。

しかし、現場で働く人がポケットや弁当箱にしのばせて持ち出せないような大型のものは、監視のゆるむ三番方[3]が持ち去ることになっていたとはいえ、大きさ、量ともに尋常ではない。筆者らは、かつて見上げるような菱マンガン鉱の壁ともいうべき代物を売っているのに遭遇しているが、やはり、こうしたものは、なんらかの鉱山の承認ないしは暗黙の了解のもとで出回っていたようだ。これは、昭和30～40年代の「美石ブーム」による市場の拡大と、同時に尾太鉱山が大資本による運営ではなく、経営的にも苦しか

[3]三番方
三交代制勤務で、午後11時より午前7時までを指す用語。一番方（午前7時より午後3時まで）、二番方（午後3時より午後11時まで）と異なり、管理職がおらず現場の裁量に任せられるのが一般的であった。

ったことなどが関係しているのだろう。

鉱山と資本の関係といえば、日本でほぼ大資本が入ることがなかった鉱山に、マンガン鉱山がある。

マンガン鉱山跡、マンガンを採掘した跡というのは、数え方にもよるが、おそらく日本全国で千カ所以上を数える。マンガンは明治時代から昭和40年代まで、栃木、群馬の足尾山地、京都、兵庫の丹波地域を筆頭に、北海道から沖縄まで全国で盛んに採掘されてきた。そのほとんどの鉱山が家族経営程度の中小規模の鉱山であった。概して鉱床の規模が小さく、構造地質的な理由から連続しないためである。菱マンガン鉱は、全国に散在する「層状マンガン鉱床[4]」の主鉱石でもあった。鉱石名としては「炭マン」と呼ばれた。炭酸マンガンの略である。

「炭マン」は、同じ菱マンガン鉱でも、これまで解説してきた熱水鉱脈鉱床中から出る美麗な結晶モノとはまるで異なった扱いとなる。「マンガン鉱物」というカテゴリーに入るのである。ここでいう「マンガン鉱物」とは、層状マンガン鉱床から産出する鉱物全般のことを指す。マンガンを成分に持つものだけでなく、そこに伴われる稀産鉱物なども含めるのが一般的だ。

普通、層状マンガン鉱床の鉱石は、菱マンガン鉱を多く含む。主鉱石なので当然だ。だが、マンガン鉱山跡で採集された「炭マン」が、「菱マンガン鉱」の標本としてコレクションに加えられる機会は決して多くない。目で見えるサイズの結晶ではなく、塊であったり、層をなしたりしているためだ。美しいピンク色のものもないではないが、ほ

[4]層状マンガン鉱床
海底などで堆積したマンガン鉱床のこと。日本では、海底火山活動の結果、海中に溶けたマンガンが沈殿したものを起源とする、主に中生代（一部新生代）の堆積岩中の鉱床である。菱マンガン鉱は、層状マンガン鉱床を形成する最も普通の鉱物で、二酸化マンガン鉱物からなるマンガン団塊として沈殿したものが、海中の炭酸イオンによって還元されて生じたと考えられている。層状マンガン鉱床の鉱石には、縞状の組織や球状の組織が認められるものがあり、堆積時の構造を保存していると推測される。一方、なんらかの変成作用を受けると、こうした構造は消え、菱マンガン鉱も多くマンガンの珪酸塩鉱物（バラ輝石など）に変化することが多い。マンガン以外にバリウムやバナジウム、硼素などの元素が濃集していることがあり、マンガン鉱山跡では、これらの元素を含む珍しい鉱物が見出されることがある。日本産新鉱物として知られた東京石、鈴木石、神保石などはその例。

かの鉱物と混在することが多く、見映えはたいがいよくない。むしろ、層状マンガン鉱床の菱マンガン鉱は、珍しい鉱物や注目すべき鉱物を取り囲むマトリクスと見なされている。

「マンガン鉱物」は、一部に根強い人気を持つ。ミネラルショウのアマチュア・コレクターのブースで店番していると、「マンガン鉱物はありませんか」と尋ねてくる人が、ひとつの会期中に必ず数人は来られる。マンガン鉱物は多様で、珍しい鉱物も多い。見た目が地味で、難しいと思われている分、掘り下げるだけ面白みが増すところがある。鉱物コレクションのなかでも、かなりマニアックな部類に属するところだ。その楽しみについては別の機会に譲るが、菱マンガン鉱について語る以上、ひとこと触れておいてもいいだろう。

菱鉄鉱（シデライト）

決して稀な鉱物ではない。標本として目にする機会が少ないためか、産地の多くが同時にさまざまな鉱物を産するところで、そのなかで埋もれてしまうのか。あるいは、少々地味な見た目のため、ほかのもっと人目を惹く鉱物種に負けてしまうのか。菱鉄鉱Sideriteは、実際よりもマイナーな鉱物と評価されているような気がしてならない。たしかに、いざ手に入れようとすると少々難しい石ではあるが、形態の豊かさでは決してひけを取らず、色彩も渋めながらバラエティーに富む。

ヨーロッパやアメリカでは堆積性の大鉱床をなし、製鉄材料にされた。精錬がたやすかったため、有史以来、最初に利用された鉄鉱石ではないかともいわれる。またほかの「菱」の石たちと同様に、熱水鉱脈鉱床の末期生成物として産するほか、スカルン鉱床、花崗岩の割れ目、堆積岩中の団塊、玄武岩中の空隙……と、産状は幅広い。だが、よく知られた定番の産地、代表的な産地をあげよ、となると、少々頭を悩ますこととなる。

日本であれば、埼玉県秩父鉱山、大分県豊栄鉱山、栃木県足尾鉱山といった有名鉱山の名がすぐに思い浮かぶ。ではこれらの産地から菱鉄鉱の出物が、ある程度まとまった量であったかといえばそうでもない。これら著名な大鉱山の目玉はほかにあり「菱鉄鉱も産している」と言い直したほうが実感には近いだろうか。

これは海外でも同様のようで、たとえば、きわめて多様な稀産鉱物を産することで名高いカナダのモンサンチラール Mont Saint-Hilaire や、有名なタングステン鉱山であるポルトガルのパナスケイラ鉱山 Panasqueira Mine は、菱鉄鉱の立派な結晶を産している。いずれも世界的な著名産地だが、モンサンチラールといえば、セラン石の美結晶やカタプレイ石など希元素鉱物をはじめとした、霞石閃長岩ペグマタイト[5]を特徴づける稀産鉱物であるし、パナスケイラ鉱山であれば、鉄マンガン重石の結晶や、美しい燐灰石の結晶で世界に名を轟かせている。やはり「菱鉄鉱もあります」という感じなのだ。つまり、菱鉄鉱が主役となっている産地というと、途端に難しくなる。古くから菱鉄鉱を採掘していた、ドイツのジーゲルランド Siegerland 地域の諸鉱山が例外的存在としてあるくらいだろうか。

菱鉄鉱の形態は、菱面体と陣笠状のものが多く、ときに柱状、犬牙状となる。ただ、薄い陣笠状のものはあっても、厚みのある（短い柱面のある）釘頭状のものは少ないようだ。この点は菱マンガン鉱と似ている。また、カラー中口絵3番の写真や、次ページ上の写真のように球状集合にも比較的なりやすい。

菱鉄鉱でユニークなのは、色彩と質感ではないかと思う。

無色に近い透明なものから、ほとんど不透明な濃褐色のものまである。なかでも多いのは、やや黄色がかった淡褐色のものだろうか。褐色を基調に、緑色に近い色のものや、紫味がかったものもある。ときに美しい黄緑色や緑色のものもある。このように色が多彩なうえ、菱鉄鉱の質感には、どうも私たちが持ってしまっている「炭酸塩鉱物はこん

[5]霞石閃長岩ペグマタイト
霞石閃長岩（ネフェリン・サイアナイト Nepheline syenite）は、長石よりもさらに珪酸分に乏しい準長石の一種である霞石を含む閃長岩である。主に大陸に分布し、日本には存在しない。霞石閃長岩ペグマタイトの産地には、モンサンチラールのほか、ロシア・コラ半島のロヴォゼロなどがあり、特殊な稀産鉱物を産することで著名である。

菱鉄鉱

産　地：長崎県東彼杵郡東彼杵町 虚空蔵山

大きさ：写真の左右約2cm

玄武岩質と思われる火山岩の空隙中の褐色球状の菱鉄鉱集合。艶と透明感のある球は、あたかも生き物の卵のように見える。溶岩が固まる過程で水や二酸化炭素など揮発成分が分かれ、泡のように空隙が生じる。その内部で成長したもの。

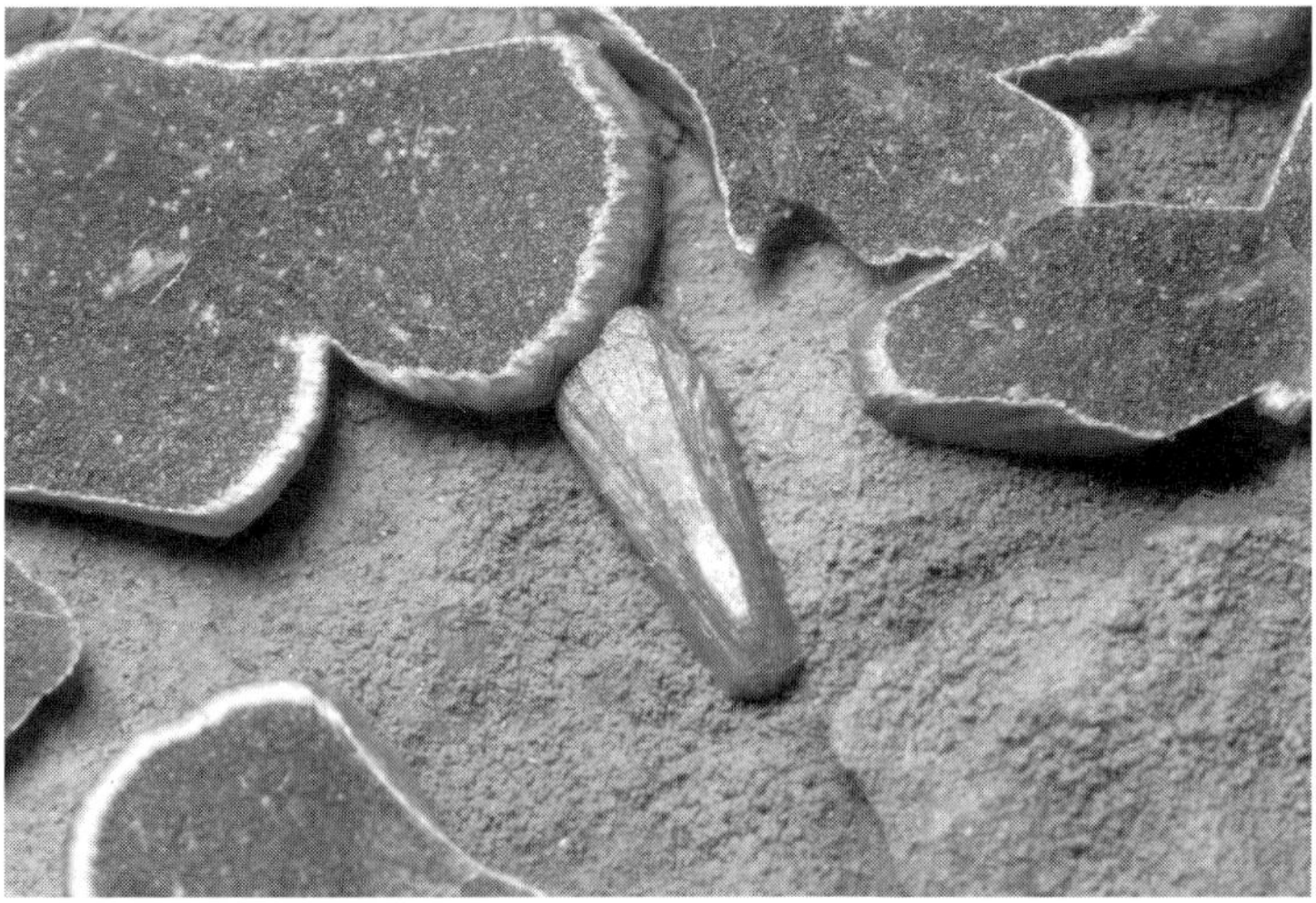

菱鉄鉱

産　地：愛知県春日井市西尾《さいお》

大きさ：写真の左右約1cm

岐阜県土岐市五斗蒔《ごとまき》（カラー中口絵写真3番）のものと同じく、中生代の堆積岩の割れ目に成長した菱鉄鉱。写真左右の結晶が柱状結晶の輪郭を見せながら、ごく薄い形状になっているのが面白い。結晶成長の過程で、割れ目の「天井」についてしまった結果だろうか。

な質感」という認識とは、少し異なったものがあるようだ。そのため、ときに産地で「判じ物」となる。

『鉱物採集フィールドガイド』の著者、草下英明氏は、その経験をこう記している。「苦灰石に伴って草緑色柱状の鉱物がある。一見緑簾石ようにみえる。これが菱鉄鉱であると堀氏から教えられた時には全く参ってしまった。太いもので径2〜3㎜のものから、細いものは毛状で太いものほど色は濃く、毛状のものは淡黄色である」（草下英明『群馬県藤岡市下日野の鉱物産地』「鉱物情報 No.64」一九八五、p.6 文中の「堀氏」は堀秀道氏）。

草下氏が見たようなもののほかにも、褐色味が強く、ほぼ不透明な菱鉄鉱には、また独特の質感がある。ガラス光沢でありながら、どこか金属的なテリを持つ。これは、おそらく菱鉄鉱を形成する鉄の一部が酸化されることで生じたものと思われる。菱鉄鉱の鉄は二価鉄であり、だから菱鉄鉱の存在は、鉱物が形成されたときの環境が還元状態にあったことを示す。それは、たとえば水中で砂や泥が堆積するような場所でも適用される。酸素に乏しいか有機物など還元性の物質がある環境では、菱鉄鉱が生じるというわけである。

さて、堆積物中の菱鉄鉱には、いわゆる奇石の類がある。次項で紹介する「へそ石（鉄丸石）」はそのひとつだ。

東京にも「恵比寿の泥鉄鉱」という、幻の奇石が存在する。古典的図鑑『続原色鉱石図鑑』に、東京都の恵比寿産の菱鉄鉱団塊の写真が掲載されている（121ページ参照）。

櫻井欽一氏のコレクションであることがクレジットされ、解説には「恵比寿産のものは結核をなし、表面が褐色の薄層で覆われる」とある（p.43）。前にも記した通り、この図鑑は古くからの鉱物好きにはよく読まれており、かつ都会の真ん中が産地であることから、「恵比寿の菱鉄鉱」は、人々の記憶に残る存在となっている。あるいは標本のごく短い描写が、かえって想像をかきたてるのかもしれない。標本の持ち主であった櫻井欽一氏は、この標本について「櫻井標本室には渋谷産の泥鉄鉱が2個ある。長さ10 cm、径3 cmほどの円柱状で、3個は枝状に分岐し、ともに先端は砲弾状にとがっている。表面は褐色だが、内部は鼠灰色ちみつ質で、ときとして小さな礫の破片を含むことがある。この鼠灰色の部分は濃塩で発泡するから、『大鉱物学』の記載通り、不純な菱鉄鉱即ち泥鉄鉱」であると記している。櫻井氏が中学生時代、恵比寿のあるお寺で貰ったものだという。続けてもう少し引用しよう。

中学生時代、この鉱物を探しに赴いた時（中略）、渋谷駅から渋谷川沿いに恵比寿に向かって少し進んだところにある某寺に、弁当を使わせて頂くために入りこんだ時、私共の目的を聞いた老住職が、その石なら寺にもあると縁の下からたくさんとり出し、分けて下さったものである。目的物を入手したため詳しい産地をうかがうのを怠ったが、何でも墓地を掘ったとき出たということであった。

（櫻井欽一『幻の鉱物。幻の産地（その21）東京都渋谷産の泥鉄鉱』「鉱物情報 No.24」一九七八）

櫻井少年がこの地の泥鉄鉱の存在を知ったのは、佐藤伝蔵『大鉱物学　下巻』（一九二五）である。そこには「東京の四谷鮫ヶ橋、渋谷などの砂利取場に灰褐色にして円柱状のものを産する」とある。櫻井氏の生年から計算すると、『大鉱物学』刊行後、数年のうちに採集に赴いたことになる。

翻って21世紀の現在、筆者も仕事などで渋谷・恵比寿界隈に出かけると、つい工事現場はないか、廃土はないかと探してしまう。幻の「泥鉄鉱」が、何かの拍子に表に出てこないかと思うのだ。もっとも、国立科学博物館の松原聰氏からは「つまらないものだぞ。本に書かれているから、みんな大層なものと思っているが、現物を見るとがっかりするぞ」と言われているのだが……。

東京都目黒区恵比寿の菱鉄鉱

木下亀城、湊秀雄『続原色鉱石図鑑』第28図版より引用（部分）。抽象芸術的な形態をしており、昭和38年初版という、現在に比して不鮮明な図鑑の画像のせいもあり、何やら不思議と素晴らしい物ではないかとの想像をふくらませてくれる。現物は櫻井欽一氏の没後、国立科学博物館に所蔵。

へそ石、鉄丸石

諺に「病膏肓《こうこう》に入る」とある。くせ、道楽を病気にたとえ、もはや薬も届かない場所に、後戻りできないほど入れ込んでしまったことを示している。

炭酸塩鉱物でも「方解石」「菱マンガン鉱」「菱亜鉛鉱」と、鉱物名で集めているようなことならば、誰もが足を踏み入れる往来である。前述の「玄能石」にしても、大分人通りが少ないとはいえ、淋しい裏露地といった感じにすぎない。炭酸塩鉱物、この「菱」の石で「病膏肓に入る」というのならば、この「へそ石」を愛でるところまで入り込まなくてはならないだろう。黒褐～灰色の、丸いものやダルマ形、マクワウリに似た形をした石、泥からできた岩のなかから、突如として転がり出る丸い石である。灰色から褐色、黒色の、まるで砲丸のようにずっしりと重い物体。なかにはひょうたん形やダルマ形、なすびのような形で、天地におへそのようなくぼみ（時々でべそもある）をもつものもある。それがために「へそ石」と呼ばれる。これは菱鉄鉱を主な構成成分とするものである。

鉄球のように重いことから「鉄丸石」の名前もある。千葉県、神奈川県、静岡県、高知県で産出が知られ、新生代新第三紀の泥岩中や、それが浸蝕されて、河原や海岸での転石として発見される。珍石・奇石を見いだす趣味の先輩である「水石」の世界では、たいへん著名な存在となっている。とくに静岡県安倍川と高知県室戸岬の鉄丸石はよく知られている。

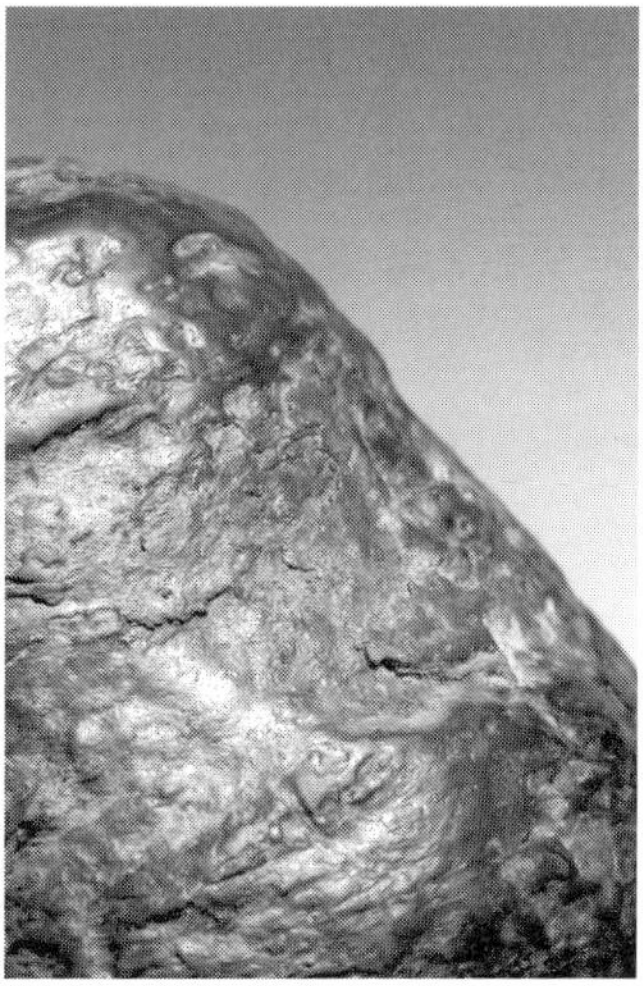

同・接写。写真の左右約5.5cm

へそ石

産　地：千葉県南房総市和田町五十蔵

大きさ：写真の左右約12cm

へそ石・鉄丸石は、河原に転がる無数の石のひとつでありながら、人の手が加えられたかと見紛う形をしている。とくに画像のように、長時間流水に洗われたものは黒褐色に変色し、泥質の部分が削られて複雑な肌模様を見せている。これを拾い上げ、汚れを洗い落とし、よく拭きこむと独特の光沢が出て来る。上質なものは、古代の鋳造品にも似た風格を備えるため、人々に古くから愛玩されてきたのである。

へそ石の「へそ」

産　地：千葉県南房総市和田町五十蔵

大きさ：写真の左右約8.5cm

へそ石の名の由来になっている円形のくぼみ。へそ石・鉄丸石形成の源となる、冷湧水の通り道の跡と思われる部分で、この様にハッキリしているものから、いくつにも分岐してあばたの様になったもの、はっきりと観察できないものもある。丸みを帯びた、ともすれば茫洋となりがちな石の姿を引き締め、さまざまな景色を生み出す、鑑賞上の重要なポイントとなっている。

へそ石の成因については、玄能石と同様、確定された説はない。古くは「アマモ」などの海生植物の根の周りにできたというもの、海底のガスの抜け穴に泥が落ち込んで固まったものであるなどの説があった。

この成因について、筆者らはへそ石・鉄丸石は海底に生じた冷湧水の噴出口に形成されたものであろうと想像している。冷湧水とは、この場合メタンなどの成分を含む還元性のものだ。そう考えた理由は、まずへそ石の形状と産状にある。また、千葉県のへそ石産地の泥岩中からは、スエヒロキヌタレガイなどの生物の化石が発見されている。これらの生物は、現在の深海底の調査により、海溝部のメタンやミネラルに富んだ湧水口付近に生息していることが分かっている。

日本列島の太平洋側の海溝には、海洋プレートが大陸プレートの下に潜り込む、いわゆる「沈み込み帯」が存在している。海洋底に降り積もった堆積物や、海底に噴出した火山（海山）などは、海洋プレートが上部マントルへと潜り込む際に取り残され、プレート上面から引き剥がされるなどした物質は、プレートの運動によって大陸側のプレートの縁に押しつけられたり、底づけられたりする。これが「付加体[6]」と呼ばれる複雑な構造を形成する。詳しい説明は短い紙幅でできるものではないので省くが、へそ石産地付近の地質構造は、みなこの付加体であることを示している。千葉県保田《ほた》層群、神奈川県三浦層群、静岡県瀬戸川層群、高知県四万十層群。あるとき、これらの地質区分を並べてみて、その共通性に気づいた。どれも新生代古第三紀の付加体じゃないか、と。そこで付加体地質学の教科書など、文献を見たところ、まさにそのままへそ石の成因を説

[6]付加体
海洋プレートが海溝などで沈み込む際、海洋底の堆積物が剝ぎ取られ、陸側に押し付けられて形成されたもの。プレートの運動とともに、堆積物が次々と剝ぎ取られ押し付けられていくため、堆積物の断片がモザイク状になったり、同じ地層が幾重にも折り重ねられたりと、たいへん複雑な構造を取る。また、海山や珊瑚礁起源の石灰岩、チャートなど、周囲の堆積岩とは時代や場所が異なる「異地性岩体」も付加作用で説明される。
なお、このような地質構造は、プレートテクトニクス導入以前には説明できず、その場限りの解釈がなされてきた。現在でも、地方自治体発行の冊子や一般向けの解説書には古い常識のままのものがあり、そのまま解説をする人もいるため、注意を要する。たとえば「秩父古生層」といった言葉が何の注釈もなく使われているのは、そうした古い知識の残留である。

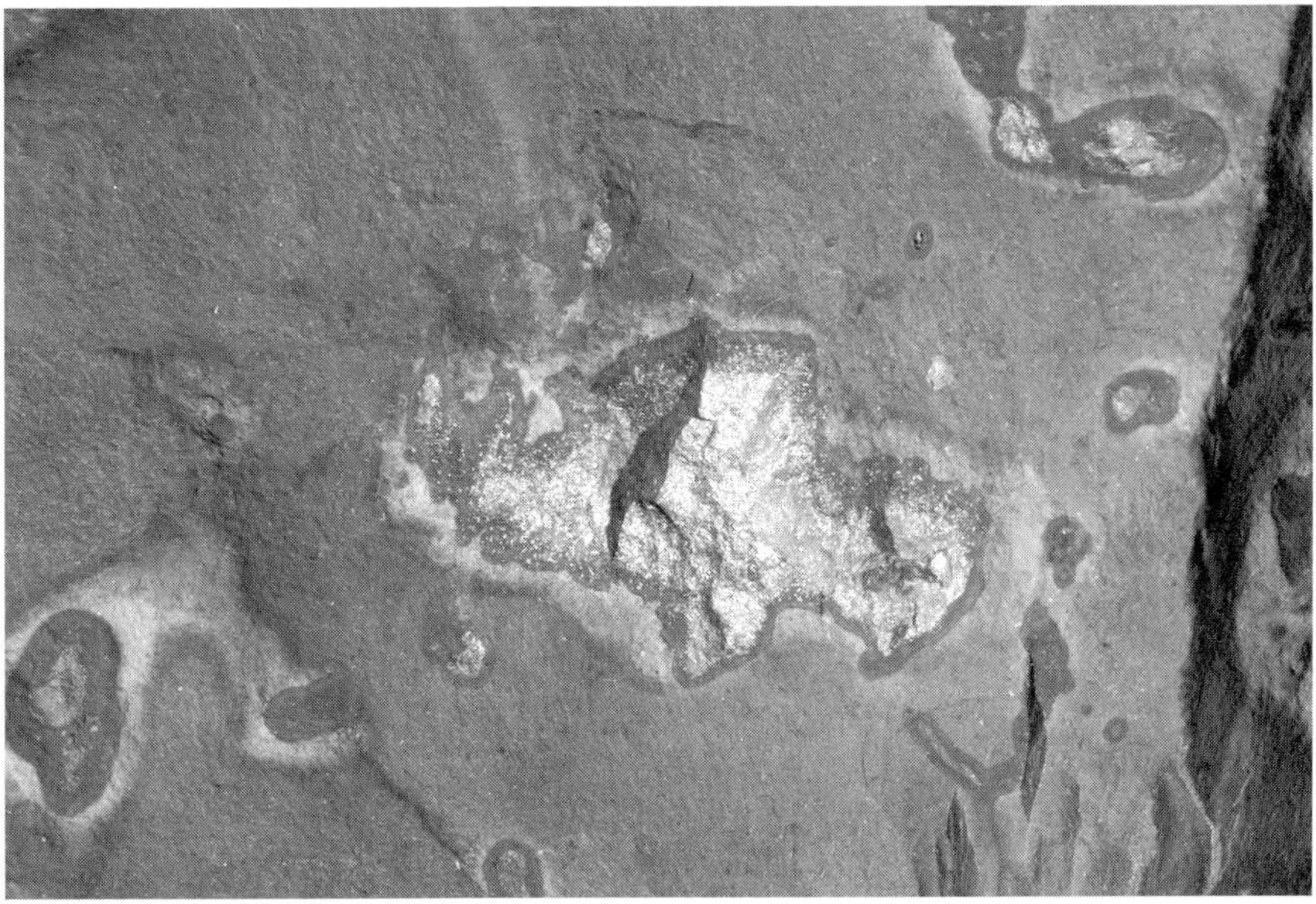

「へそ石」の破面

産　地：千葉県南房総市和田町五十蔵
大きさ：写真の左右約3cm

割れたへそ石の新鮮な断面。菱鉄鉱の酸化がさほど進んでいないためか、表面に比べて全体に淡色である。画面中央などの明るく輝く部分は、黄鉄鉱の集合からなる。黄鉄鉱などからなる不定形の斑点が散在しているが、これは曲がりくねった管状の構造の断面である。おそらく冷湧水の通り道の痕跡と思われるが、途中まで菱鉄鉱を沈殿させていたものが、最後の段階だけ硫化鉄となったのだろうか。わき出す水の組成に変化があったのか、それとも沈殿する環境の側が変化したのか。

「へそ石」の産状

千葉県南房総市富山町

2006年撮影。保田層群（新生代古第三紀）中の、著しく風化した泥岩より掘り出したばかりのへそ石である。この泥岩中からはスエヒロキヌタレガイなどの、冷湧水周辺にコロニーを形成する生物の化石や、低温の水中という環境を必要とするとされるイカ石（玄能石）が産出しており、へそ石の成因を暗示している。

明できそうな論文に行き当たった。

「付加体」の形成過程では、プレートの沈み込みによって堆積物が水平方向に強く押しつけられるため、堆積物中の水が搾り出されるということが分かっている。海溝部でわき出している冷湧水は、メタンや鉄といったさまざまな成分を含んでいる。湧水が海中に噴き出すとき、温度や圧力、酸化還元状態などの環境は大きく変わる。メタンは海中で酸化され、炭酸イオンとなる。炭酸イオンと第二鉄イオンが結びついて沈殿すれば、それは菱鉄鉱である。では、へそ石・鉄丸石は、こうした冷湧水のの噴出口に形成された「煙突」のようなものではなかったのだろうか?

筆者（高橋）は、千葉でへそ石を産した記録のある地域に何度か通い、とうとうへそ石を泥岩中で観察できるところを見つけた。へそ石は柔らかく崩れやすい泥岩中に埋まり、二つ以上のへそ石が団子のように連なっているものもあった。また、茶褐色で数センチほどの「しん」を中心に、黄褐色に同心円状に変色し、そこだけ風化からいくぶん取り残されているように見えるものもあった。へそ石との直接の関係まではよく分からないが、そうした場所を掘るとへそ石が現れることはあった。

冷湧水の噴出が不安定で断続的であれば、「煙突」は長柱状になれず、丸みやくびれを帯びた短柱状のものになる。そして、天地に見られるへそ状の丸いくぼみや突起も、湧水の通ったパイプの痕跡と考えれば説明できる。

かくして、期せずして奇石・珍石趣味が最新の地球科学的な知見と結びついたわけである。もちろん、科学的に厳密な検証に耐え得るほどしっかりした観察や記録までは行

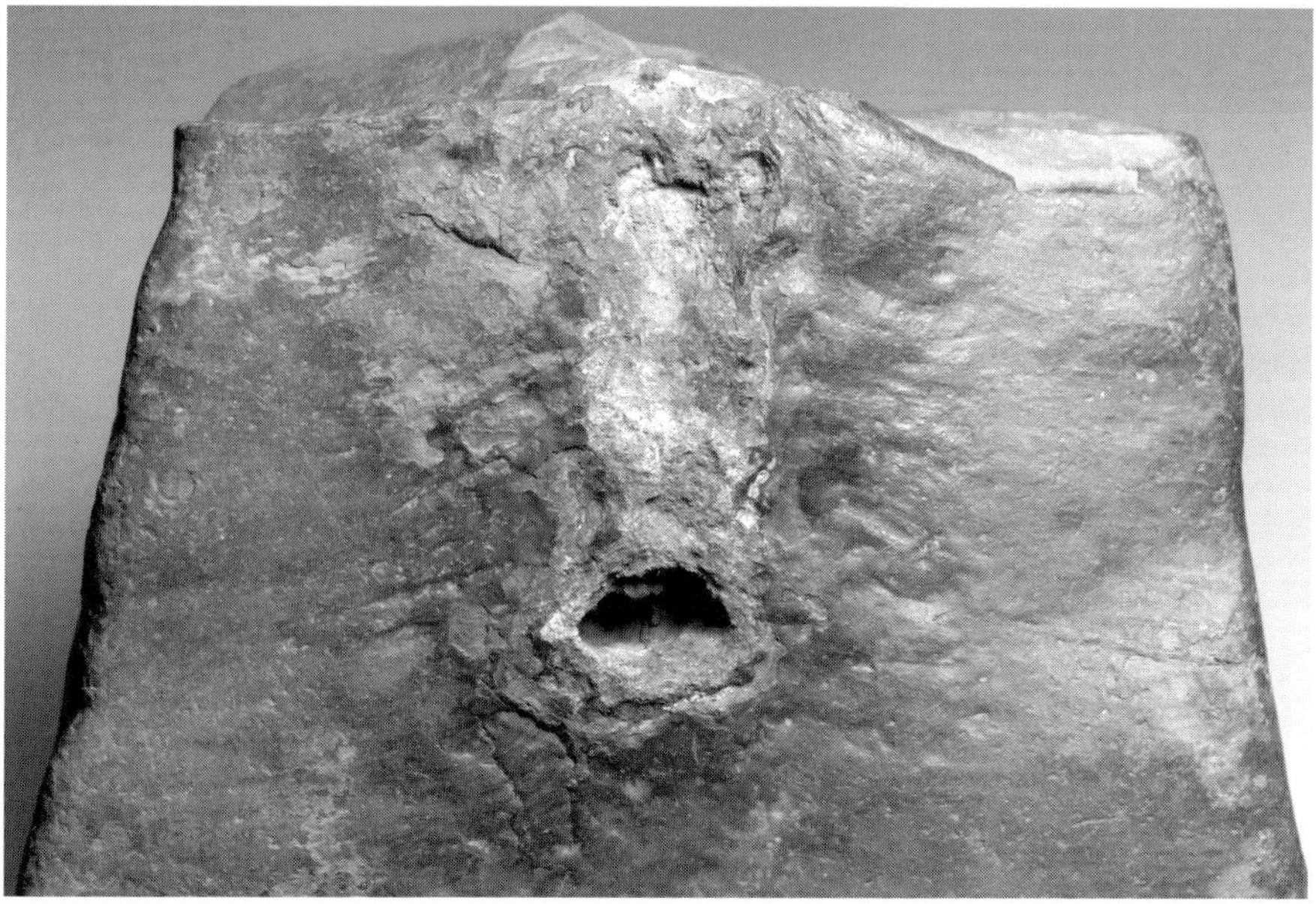

「へそ石」の縦断面

産　地：千葉県南房総市和田町五十蔵

大きさ：写真の左右約11.5cm

川の水流で磨かれた破面。へそ石がほぼ中心から縦に割れた格好のもの。中央にやはり黄鉄鉱からなる管状の構造が見える。黄鉄鉱は分解してくぼみを作っている。石の反対側には小さな「へそ」が見られるが、はたしてこの破面で中断しているパイプとは繋がっているのだろうか。

っておらず、その意味では想像の域は出ない。だが、少なくとも推論と現地での観察が合わさったということは、鉱物採集者冥利につきる体験だろう。

さて「へそ石」はおおむね丸い外見というだけで、「玄能石」ほど定まった形があるわけではない。名前の元になるへそ様のくぼみも例外なく付いているわけでもない。色調も黒褐色で艶の良いものから、灰色の泥っぽいものまで、さまざまである。

比重の大きい石なので、泥岩からはずれたものが堆積した溜まりを見つければ、それこそ無数に転がっている場合もある。単なる鉱物標本としてラベルを付けるならば「へそ石」は「菱鉄鉱質結核」。これでおしまいである。適当な大きさのものをひとつ、箱に納めて標本の列に加えれば良いだけだ。しかし、それでは「へそ石」を所有はできても、愛でたことにはならない。あまたある、多種多様な「へそ石」を、ひとつまたひとつと拾い上げては戻し、気に入ったものを探す。木々の間から漏れる弱い光を背に浴びながら、一人河原を歩く。川底の泥をまきあげぬよう一歩一歩ゆっくりと、ひとつひとつの石を丹念に目で追いながら。ふと体をかがめ、ひとつの石を拾いあげる。手にした「へそ石」に自分の価値観を重ね、納得のいくものだけを手に入れる。これは特定の鉱物を採集するという行為から離れた、いわば自分の美意識を拾い集める作業なのだ。冒頭の「水晶のかんどころ」で述べたような、規範的な「解説」を離れ、自らの美の実践に遊ぶ。それでいて、科学的知見である「へそ石」という、鉱物・成因による枠を越えることはない。

ここにひとつの蒐集としての「病膏肓に入る」を見るのである。

コラム4　愛石趣味の歴史

現在の日本では、およそ2カ月に一回の割合で、鉱物・化石のショーがひらかれ、石を愛好する趣味は静かなブームとなっている。

ひと口に石を愛でるといっても、本書で述べている鉱物コレクション以外に、化石、パワーストーン、水石、美石など、接し方にはさまざまなものがあり、ショーの会場は、これら多様な石の扱いがまさに混在した空間となっている。はじめてショーを訪れた人の中には、混乱される方もあるかもしれない。

そこで、日本における愛石趣味の変遷を通して、石との接し方の違いについて整理してみたいと思う。

日本での愛石趣味のはじまりは、唐の時代に確立された奇石（怪石）趣味が渡来した、南北朝のころであると考えられている。この奇石趣味とは、起伏に富んだ山形や何か抽象的な形状の天然石を飾り、その珍趣奇態を楽しむ行為である。とくに小型の奇石は、書斎の硯の前に置かれ、書案を練る際の鑑賞品となり、文房清玩の対象として珍重されていた。

奇石趣味は、大陸の文人文化のひとつとして日本に伝えられたのである。ここで、整理をするために、奇石について定義すると「天然石でその形態や質が愛玩・鑑賞に値するもの」ということになる。つまり奇石とは、愛玩石全体を示している言葉なのである。

こうした奇石趣味の中で、山水景情をかたどったもの、またはそれを思わせる事物を表した石は、とくに「山水景情石」とされ、後に「水石」と呼ばれるようになった。

水石は日本的文人趣味の嗜好とよく合致し、盆栽、掛軸と並んで日本間の重要な調度品となり、抹茶道、煎茶道と関わりながら、日本の文化として根をおろしていったのであった。

こうした一方で、奇石の珍しい形や美しい色彩、紋様等、石本来の率直な魅力に惹かれる人々も多く、天工の不思議である奇石は愛蔵され、多くの民話、伝説の題材となった。

人々の奇石を介した自然に対する好奇心は、しだいに高まりをみせ、江戸時代後期、木内石亭《きのうちせきてい》の『雲根志《うんこんし》』によって、奇石愛好は広く一般に親しまれるようになるのである。

江戸時代における奇石趣味は、いまの博物学に相当する「本草学」に基づくもので、同じ石を愛でるという行為でありながら、その目的は、大きく異なっていたのである。

水石趣味が、石を通じ、風景や自己の内面に心を通わせるのに対して、奇石趣味はあくまでも石そのものへの美や興味、珍石の成因の探求に焦点が絞られていたからである。

石亭以降、江戸時代末期にかけて、民衆を中心に隆盛を誇った奇石趣味であったが、明治維新を越えて状況が一変することになった。

東洋の学問であった本草学は、国策として西欧近代科学導入を推進していた明治という世の中にあっては、もはや旧態依然とした、批判の対象でしかなくなっていたのである。

本草学を基本としていた奇石趣味は、珍物を集め非科学的な説を唱えるだけの、不要なものとされてしまった。このように、奇石趣味は低俗な嗜好との烙印を押す形となった明治維新であるが、これを単に日本の西欧化とだけ受け取るのは間違っている。

維新は、日本という国民国家そのものを創造する行為であった。そのため、茶道などの、古くから伝わる文化、芸術は、「日本文化」として、権力者や高い地位にいる者が備えるべき教養として、存在感を強めたのである。

水石は、日本文化のひとつとして、貴人文人の愛玩により、その芸術性を高めていった。それに伴い、かつて奇石趣味のひとつであった水石が、石鑑賞の中心となり、昭和のはじめには奇石という言葉自体、用いられなくなっていった。そして、もはや忘れられた存在であった奇石趣味のうち、雅趣に富んだ一部のものは、再び水石として吸収されていった。こうして、奇石趣味はその終息を見たのである。

その後、岡本要八郎『諸国名物奇石行脚』(「我等の礦物」一九三四)のような、奇石復興の活動はあったが、一部にとどまり、古くから続く水石と、新しい西欧の学問に基づく鉱物・化石標本のコレクションの両者が、石の愛好の柱となっていったのである。

芸術としての水石と、科学的な視点で行われる鉱物・化石コレクション。この両者が並び立つ状況に変化が現れたのは、昭和30年代後半、日本が高度経済成長をむかえたころである。

生活が安定から成長へと移り、再び石が大衆の愛玩の対象として注目されたのである。

そして、学術的な色合いの濃い標本コレクションよりも、芸事である水石のほうが好まれた。さらに水石の中でも、鑑賞に芸術的教養が必要な山水景情石ではなく、より具体的な姿石や、色、紋様の美しいもの、珍しいもの、石自体に面白さのあるものに人気が集中した。これは、かつて水石に吸収されていった奇石趣味の再来ともいえる出来事であった。

これは、全国的に熱狂的な広がりを持ち、「美石ブーム」に発展したのである。

「美石ブーム」は、なぜ水石でも奇石でもなく、「美石」と呼ばれたのであろうか。それは、急速に拡大した趣味人口の前に、水石、奇石の原則である「手を加えない自然の石」という制約下では、需要に対応できなかったためである。

これに対して、色・紋様の美しい石を切断・研磨したものや、黄鉄鉱などの鉱石、紫水晶やアンモナイトなどを木製台に据えたものが、「美石」として、大量に流通した。

この事態に、水石はその定義に重大な混乱をきたし、趣味の急激な盛り上がりに対して、レベルの低下を憂う従来の水石愛好者の不満、反発は強まった。

この時期、銅粉を練り込んだガラスの塊を「茶金石」と名づけて、「水石」と区別なく販売したり、常軌を逸した石の乱獲などが横行し、趣味の質が劣化したという点は否めない。

現在でも「水石」というものに対して、否定的な感情を持っている人々が少なからずいるが、おそらくこの美石ブームのもたらした負の面を憶えているか、そうした人間からの気分を引きついでいるためである。

水石趣味は本来、こうした行いとはまったく異なるものであり、過去の不幸な記憶に基づいた偏見を無くすためにも、石の愛玩がたどった道を整理することが重要である。さらに、「美石ブーム」には功績もあったことを忘れてはいけない。

一時に大量の人間が参入し、大混乱に陥った水石に比べ、鉱物・化石コレクションは、素人には取っ付きにくい感じがするのが幸いしてか、あまり影響を受けずにすんでいた。しかも「美石」として商品価値を見いだされた各地の鉱山の鉱石や、化石が売買され、そのために貴重な各種標本が保存されることになったのである。

人々の熱狂は醒めるのもはやく「美石ブー

ム」は数年で衰えを見せ、オイルショックの不景気によって、その勢いを失った。しかし「美石ブーム」が去っても、良い石は自然界に得難く、値打ちと需要に応じた価格によって、売買ができるのだという事実は残った。

長らく世にあった「石には値があってないようなもの」「自然の物を売り買いするのはけしからん」といった、誤解や無知、偏見を払拭するには至らなかったものの、石の市場を世に広め、大衆に石を売買する機会をもたらしたことは大変な恩恵である。

たとえば、山中深くにある鉱山で、一人の鉱夫が愛蔵する石があったとする。この石がどれほど貴重な物であっても、その価値を知る鉱夫がこの世を去れば、鑑定眼のない者の手によってゴミとして処分されてしまいかねない。

しかし、その者が学術的あるいは芸術的価値を理解できなくとも、この石には値段がついて流通する市場があると知ってさえいれば、売買によって再び価値を知る人間の持ち物となり、貴重な品が世界から失われるという不幸を防ぐことができるのである。

さて、「美石ブーム」で確立した感のある石の市場であるが、これに再び大きな変動がもたらされたのは、ブーム終結から10年以上経過した昭和62年（一九八七年）に開催された「第一回東京国際ミネラルフェア」であった。

それまで、日本の石市場には、美石用に大量輸入される紫水晶などのもの以外、とくに一点もので国内に流通する海外産の石はあまりなく、ほぼ閉鎖された状況であった。しかし「第一回東京国際ミネラルフェア」は、従来の水・美石、鉱物、化石の国内業者だけでなく、海外からさまざまなディーラーを招き、日本にいながら外国の石を直接購入できるという、画期的なものだったのである。

こうした海外業者との接点は、石そのものの流通の変化にとどまるものではなかった。

中国大陸から渡ってきた奇石（怪石）趣味、明治維新により入ってきた科学的な鉱物・化石コレクションに続いて、新たな石愛玩の趣味であるパワーストーンが、この時期に日本に紹介されたのである。

パワーストーンとは、呪術的な石に宿る神秘的な力の存在と、一九七〇年代のアメリカでわき起こっていた、反西洋文明、反近代科学的な思想を持つ、ニューエイジ運動が結びついて生まれたもので、アロマテラピーやヨガなどとともに、手軽な「癒し」の手法として、愛好者を増やしていったのである。

はじめは「癒し」の道具として鉱物を使うにすぎなかったパワーストーン愛好者の間で、次第に石に対する興味が増していった。

安価で手に入れやすい水晶を対象としていたものが、徐々により高価で、さまざまな種類の鉱物を購入、使用する層が拡大していったのである。

こうして、パワーストーンからはじめて、鉱物コレクションも楽しむ人々も現れることになり、反対に、水晶鑑賞上の形態分類に、パワーストーンの用語が使用されたりと、両者は相互に密接な影響を与え合っている。

現在、新しい流れを受け、日本の石愛玩は静かなブームを保っている。鉱物コレクションという趣味もまた、こうした全体の変化のなか、少しずつ姿を変えている。

今後、この状態がどのように変化していくかの予測はむずかしいが、パワーストーンの普及により掘り起こされた需要にのって、世界規模での大小の産地開発と石の市場供給が続いており、こうした現状の安定した維持が望まれている。

第3章　金属鉱物の楽しみ

鉱石の魅力

水晶、方解石と、透明なものを取り上げてきた。もうひとつ、鉱物の魅力の大きなものに、金色や銀色に輝く金属光沢がある。そこで次には、そういった金属鉱物について触れることにしたい。なかには金属鉱物ばかり集めている人がいるほど、コレクションのジャンルとしては大きな位置を占めている。

「金属鉱物」の魅力はというと、いかにも「鉱石」であるというイメージに収斂するだろうか。金色や銀色に光り輝き、重々しい存在感のあるもの。実際、金属鉱物の多くは比重が大きく、塊になると相当重い。もっとも、金属鉱物マニアのなかには、テルルやビスマス[1]といった希少元素を含む鉱物を熱心に追い求め、微小なものでも集めている人がいる。化学的にはテルルもビスマスも「半金属」であって金属ではないのだが、鉱物趣味の感覚では、下手をすれば「これぞ金属鉱物」ということになる。テルルやビスマスの鉱物といえば、たいがい金属光沢を持ち、金銀鉱石などに伴われるもの——ヘッスス鉱 **Hessite** だのホセ鉱A **Joseite A** だの自然蒼鉛 **Native Bismuth** だの——が想像される。つまり、これらの元素の稀少性が人を駆り立てているとしても、根源的には地中から得られる貴重な資源、鉱石という象徴性に行きつくわけだ。やはり光り輝く鉱石というイメージは強力に人を惹きつける。明瞭な結晶をしていればなおいい。幾何学的な結晶は、透明な水晶とはまた違った形で、自然の整然とした秩序を具体的に見せてくれる。

[1]テルルやビスマス
一般的な用途があまり多くないにもかかわらず、一部のコレクターからのいささか度を越した人気を持つ半金属である。自然テルルおよび自然蒼鉛（ビスマス）の、独特の存在感・質感によるところも大きいが、自らを主成分とする鉱物の多様さも欠かせない魅力となっている。さらにこうした鉱物に稀産種が多いことや、同定が難しいという点も、マニアの欲望をかきたてているのであろう。

「金属鉱物」とは、本来はさまざまな金属資源を得るための鉱石鉱物を指す言葉だ。だが鉱物趣味の世界では、「金属元素を主成分に含む、金属光沢を有する鉱物」というほどの意味でやや曖昧に用いられている。鉱物学的な分類に照らせば、おおむね金属の単体からなる元素鉱物、金属の硫化鉱物、硫塩鉱物と重なる。もっとも、この章でも紹介している閃亜鉛鉱は、むしろ透明な鉱物であるが、金属鉱物としてなじみ深い。亜鉛の硫化鉱物であり、重要な鉱石でもある。さらに黄銅鉱や方鉛鉱といった、ほかの金属鉱物と共に産出することが多いためだ。

そんな金属鉱物のうち、最もポピュラーなものといえば、黄鉄鉱だろう。たいへんありふれた鉱物で、現在では資源としての価値はあまりない。だが「愚者の金」という異名が示す通り、「金属鉱物」の素朴なイメージにはよく合っている。専門のショップでなくとも、水晶と並んで売られていることの多い鉱物でもある。また、後にコレクターになった人で、鉱物に関心を持つきっかけが子供のころ手にした黄鉄鉱という人も少なくない。その意味では「理科少年」的なアイテムでもある。

二〇〇一年の夏休み、つくば市にある地質標本館が行った子供向けイベントに「黄鉄鉱ひろい」という企画があった。セリサイト（絹雲母。この場合は白い粘土のようなもの）を水洗いして、そのなかから小さな黄鉄鉱の結晶を拾わせるというものだ。立方体や正八面体で金色に光る結晶が拾えるという楽しさをアピールしたものだ。「水晶拾い」と並んで、夏休みの定番イベントとなっているようだ。

思い出してみれば小学校のころ、黄鉄鉱を「欲しい」と強く思っていた。いま考える

黄鉄鉱
産　地：愛知県北設楽郡東栄町振草粟代鉱山
大きさ：写真の左右約3cm

立方体の結晶を示す黄鉄鉱。地質標本館の「黄鉄鉱ひろい」で使用されたものと同じくセリサイト中の小品。ただし、この標本ではセリサイトは水洗いによって除去され、マトリクスの石英が露わとなっている。産地はセリサイトを化粧品や工業材料用に採掘している鉱山で、コレクターの間では「稲目鉱山」の名称でも親しまれている。写真の標本は、筆者（伊藤）が中学生のころ鉱山を訪れ、分けていただいたもの。

ような「良品」でなくとも、とにかく黄鉄鉱の結晶であればよかった。だから、はじめて黄鉄鉱の結晶を自分で採集したときは嬉しかった。径5mmにも満たないものだったが、それでも金色に輝き、いかにも幾何学的な結晶をしているのが嬉しかった。小学五年のときのことである。

この手の体験には、実のところ筆者二人の間にも違いがある。名古屋に生まれ育った伊藤の場合、当時はわりと近郊に産地があった。電車で30分も行けば着いてしまう場所だった。が、東京生まれで東京育ちの高橋の場合、黄鉄鉱を採集しようとすると、広い関東平野を越えてのこととなる。その高橋がはじめて採集した黄鉄鉱が、カラー中口絵11番の写真のものである。

近在に手ごろな産地がなかったぶん、遠方へそれを目的として出かけ、いきなり標本としてグレードの高いものと出会っている。では伊藤がはじめて採集した黄鉄鉱はというと、思い出の品としてとっておけばよかったと悔やまれるが、あるとき、これは「標本」として大したことがないと判断して捨ててしまった。このように、コレクションの内容には、人それぞれ鉱物との巡り合わせが反映する。

さて、いまではすっかり甲羅を経た筆者二人は「黄鉄鉱ひろい」のポスターを見て、ただ微笑ましく思うだけでなく、使われている標本写真について「これは阿仁《あに》のだね」「今吉コレクションのじゃないの」「ああ、豊《ぶんの》先生の写真だからそうでしょ」などという話をはじめることとなる。

もとより、豊遙秋氏の筆と写真による図鑑で見知った写真である。地質標本館館長を

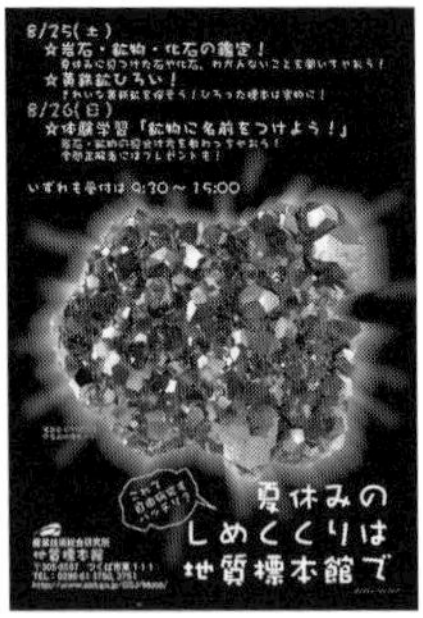

地質標本館「黄鉄鉱ひろい」ポスター

独立行政法人産業技術総合研究所地質調査総合センター地質標本館による企画。このポスターは2001年のものだが、標本館での夏休み企画は恒例となっている。また、標本館には日本を代表するすばらしい標本が多数展示されており、国立科学博物館と並び、コレクターの多くが訪れる場所となっている。

・地質標本館
http://www.gsj.jp/Muse/
〒305-8567　茨城県つくば市東1-1-1
TEL: 029-861-3750/3751 FAX: 029-861-3746

務めた豊氏撮影の写真の個性は、我々にはすでにおなじみだ。ただ、このとき先に立ったのは、石の「ツラ」をみて、「これは阿仁《あに》鉱山産だ」という判断のほうだった。

阿仁鉱山は、秋田県北秋田市に位置する往年の大鉱山である。14世紀の発見から一九七〇年の閉山にいたるまで長い歴史をもつ。銅・鉛・亜鉛・金を目的とした鉱脈型鉱床の鉱山であり、黄鉄鉱をはじめとする美しい金属鉱物の結晶を多産したことでも有名だ。数ある東北の金属鉱山を代表する鉱山のひとつである。

金属鉱物については、水晶と同様に産地を問わずただ「きれいな飾り石」として流通した経緯があるため、産地を記したラベルなどのないものが多い。かつての鉱山関係者から水石店や古道具店などに流れたものが数多くあるためだ。そこで、石のツラをみて産地を推定する技量が重要になってくる。また金属鉱物を集めること、とくに国産のものを集めることは、かつての鉱山について知ることと密接に関わってくる。


ここで、日本の金属鉱山について少し解説をしておく必要があるだろう。

現在でこそ「地下資源に乏しい国」である日本だが、かつては金、銀、銅などの金属資源が盛んに採掘されていた。明治期の銅山や金山が日本の近代化を支えたことは、近現代史の書物をひもとけば随所で記されている。大は足尾や別子といった国家規模の鉱山から、小は家族経営程度の鉱山まで、実に数多くの鉱山が全国で開発されていた。そんな金属鉱業の隆盛は、昭和30年代まで続いた。以降、具体的には鉱石の輸入自由化を境に、金属鉱山は次々と操業を止め、昭和が終わるころには数えるほどになっていたのである。産業構造の変化や人件費の高騰、環境対策などコストの上昇が主な理由だ。採掘可能な鉱床を残したまま閉山にいたった鉱山も多く、必ずしも「資源の枯渇」とまとめられるものではない。

金属鉱物の結晶ものの良品は、おおむね鉱山の操業時に何らかの形で持ち出されたものだ。産出した時期、標本市場に出回る時期ともにおのずと限られる。そのため、こと日本産の標本は、神岡鉱山（二〇〇一年採掘中止）などの例外を除いて、おおむね昭和50年代より以前の時代のものとなる。古いものほど残っている確率は低くなるのは当然だし、また戦災による消失もあるため、戦後まで稼行が続いた鉱山のものが中心となる。

黄鉄鉱や黄銅鉱の結晶ものを例にとれば、現在、最も市場に出ている国産標本は、秋田県阿仁鉱山と、青森県尾太《おっぷ》鉱山のものになるだろうか。さらに阿仁鉱山のものには、「稲荷坑」という特定の坑から産出したものという限定がつく。これらの産地のものが、現在でも比較的得やすいのは、わりと近年になってからまとまった量が市場に流れたからだ。阿仁鉱山の稲荷坑は、昭和30年代後半から40年代前半のいわゆる「美石ブーム」のおりに、観賞用に黄鉄鉱や黄銅鉱を採掘し出荷した坑と伝えられており、尾太鉱山は、第2章でも触れたように、石の持ち出しと販売を経営者側が黙認していたといわれている。ここでいう「市場」とはむしろ水石・盆石業界のことを指すのだが、このようにそれぞれの経緯がある。戦後の「美石ブーム」、いわゆる「石ブーム」の存在も、日本に固有の事情として考えるべきだろう。

阿仁鉱山稲荷坑の黄鉄鉱

産　地：秋田県北秋田市阿仁鉱山稲荷坑

大きさ：写真の左右約6cm

稲荷坑の黄鉄鉱の一例。被写体の標本は古道具店で木製の台をつけ「秋田県産金鉱石」として売られていた。綺麗な五角十二面体の結晶が方解石の白色小結晶群に覆われている。伴われる白色の結晶は方解石。五角十二面体を基調とした形態で、条線は比較的浅く、多く淡緑色粉状の緑泥石を伴うことなどが、この産地の黄鉄鉱の特徴だろう。稲荷坑の黄鉄鉱は、現在でも土産物店などでペルー産や中国産のものと一緒に売られているのを見ることができる。慣れてくれば見分けがつくが、とくに母岩がついていないときなど、たいへん識別が難しい場合もあるので注意を要する。

また、もっと時代が下がり、多くの金属鉱山が採掘をやめて以降、まとまった量の結晶モノが流通した鉱山というと、岐阜県神岡鉱山をおいてない。東洋一の亜鉛鉱山といわれたこの鉱山は、閃亜鉛鉱や方鉛鉱、方解石などのすばらしい結晶を産したのだが、昔から標本が流通していたかというとそうではなく、現在のほうがよほど入手はたやすい。以前は、神岡の方鉛鉱の結晶などといったら、コレクターの間では「幻」に近い存在だった。なぜなら、神岡は石の持ち出しに非常にうるさい鉱山だったからだ。

それが昭和の末年ごろから、飛騨高山あたりの土産物店で神岡の石を売っているという話が聞こえはじめ、その後は断続的に石が標本市場に出てくるようになった。鉱山の姿勢がなぜ変わったのかについてはよく知らないのだが、一説には、近い将来鉱山が採掘を止めることが見えてきたため、観賞用の石の販売を認めたと言われている。昔から鉱山の石といえば現場の鉱夫が個人的に売ったものというのが一般的だが、平成のはじめごろの神岡鉱山では、探鉱課が石を売ってくれたり、名古屋鉱物同好会主催の即売会に鉱山から直送で出品されたりしていた。その後も、何らかの形で断続的に石は出てきている。もちろん採掘終了後は少なくなる一方で、良品は得にくくなってきたが、それでもまだ出物があるのは、90年代以降鉱物を趣味とする人口が増え、市場が厚くなってきたことと関係しているだろう。またそれが、かつての「美石ブーム」のときのように一過性のブームに終わっていないことも大きいと思う。

それにしても、神岡の石が出回りはじめたころ、鉱山関係の方のところへ標本を買いにうかがったときは衝撃だった。それまで見たこともなかったような素晴らしい結晶ものが大量にあったからだ。そのとき「こっちの棚のは非売品だ」と言われた石で、後に即売会で姿を見たものもある。すべての標本を個別に記憶しているわけではもちろんないが、印象に残ったものとなると話は別である。

いずれにしても、「鉱物標本」として扱われるのは、誰であれ石を価値あるものとして見いだしている人が、買うなどして入手し外に出たものだ。幾人もの人がその鉱山へ度々出かけていたり、業者がまとめて仕入れたりすればまだしも、極端な場合、ある個人が鉱山に行って買ってきた一ロットしかないというものもある。それがその後、いろいろな人の手を経て市場に出てくる。人の手をさまざまに経るという意味では、コレクターの物故や事情によって売却されたもののほか、一度、地元の誰かのところ（関係者や名士の自宅、飲食店、床屋など）に飾られていたものが、何らかのきっかけで市場に出てくることもある。また、足尾鉱山のように、経営会社が石の持ち出しを制限し続けていた鉱山の標本が、比較的出回っていないのも道理だろう。足尾は規模が大きいため、それでも市場に出た石はあるのだが、逆に規模や沿革の長さに比べると少なく、現存する標本は貴重なものとなっている。このように、単に結晶鉱物を多産した鉱床というだけではだめで、市場との回路が開かれていないと標本は残らない。だから、いま知られている鉱山のほかにも、結晶鉱物を産した鉱山は数多くあったに違いない。また戦後の日本では、東京と京都にはずっと営業を続けていた標本商があったが、名古屋や福岡にはなかった。このことが、鉱山の石の残りやすさに地域性をもたらしているように思う。具体的には、東北の金属鉱山のものは比較的残っており、逆に中部地方以西の鉱山のものはもうひとつ残っていないように思える。

　では黄鉄鉱をはじめとする金属鉱物の楽しみについて、各論的に記してみることにしよう。本書では、できるだけコモンなものについて掘り下げるということで、黄鉄鉱 Pyrite、黄銅鉱 Chalcopyrite、方鉛鉱 Galena、輝安鉱 Stibnite、閃亜鉛鉱 Sphalerite の五種に加え、もう少し踏み込んで硫砒鉄鉱 Aresenopyrite と銀鉱物について取り上げている。

方解石と黄鉄鉱
産　地：福井県勝山市坂東島《ばんどうじま》 坂東島鉱山
大きさ：標本の左右約30cm

福井県勝山市北郷町公民館蔵
結晶ものを産したことが記録にありながら、現在にいたるまで存在が知られてこなかった金属鉱山の一例。釘頭状結晶の立派な方解石の上に細かい黄鉄鉱の結晶がかぶる独特の産状を見せる。この標本は座りもよく、天が出るように整形されており、展示・鑑賞目的で採取されたことをうかがわせる。
坂東島鉱山は明治時代末の最盛期には三菱の経営で従業員数150名を数えた。大鉱山ではないが、決して零細な小鉱山ではない。昭和37（1962）年閉山後、鉱山跡は完全にコンクリートで固められ、現在は往時を偲ぶ由もない。
一方、この鉱山の名は『日本鉱物誌　第三版』（1947）にはあるものの、『櫻井鉱物標本』（1973）や、『日本産鉱物五十音配列産地一覧表　京都山田コレクション』（2004）にはなく、コレクターの間でも名を聞いたことは寡聞にしてない。公民館所蔵の標本から、かつてあったであろう良品が想像されるのみである。坂東島鉱山のように、人知れず結晶鉱物を産していた鉱山は、日本中に数多く存在したに違いない。

図24　坂東島鉱山跡石碑
東至　勝山二里　大野五里

坂東島鉱山跡の碑。現在では、この碑とコンクリートの堰堤のみがかろうじて在りし日の鉱山の存在を伝えている。「白山の金山《かねやま》」（福井県大野市立博物館、2005年、p.31）より引用。

黄鉄鉱（パイライト）

「愚者の金」というが、鉱物を観察する経験を積んでいくと、金とはおよそ別のものであることが分かるようになってくる。新鮮な結晶面や破面の色は金色ではあるが白っぽく、こと破面が見せるざらついた形状は金属のそれとはほど遠い。実際、黄鉄鉱をはじめとする金属の硫化物が金色に見えるのは、物理的には金とは異なる機構によるもので、反射光の波長帯域もまったく違うものであることが分かっている。

最もコモンな鉱物種のひとつであり、産出する地質条件は幅広い。ただ黄鉄鉱であるというだけのものであれば、かなりあちこちに産する。鉱山などだけでなく、あらゆる岩石から産するとまでいわれているほどだ。反面、標本として見て良いものとなると、途端に得にくくなる。たとえば2cmを超える結晶となると、実に少ない。どこにでもありながら、良品となると難しいのは、造岩鉱物などコモンな種には共通することだが、黄鉄鉱の場合、早く飽きがきやすいという事情が若干加わるようだ。素人目にも関心をひくものであるためか、少し石の知識がついてくると、「つまらない、ありふれた石」の代表のように扱われがちなものでもある。立方体や正五角十二面体、正八面体などの幾何学的にシンプルな結晶形態や、フラットな輝きが、ともすれば安っぽく思えてしまうのかもしれない。

だが、コレクションを続けていると、再び黄鉄鉱に戻ってくるようにも思える。コモ

黄鉄鉱
産　地：岩手県北上市和賀町和賀仙人鉱山
大きさ：写真中央の結晶径約3cm

正八面体結晶の一例。和賀仙人鉱山に限らず、同じ産地から多様な結晶形のものが産することは普通にある。また六八面体といった中間的な形態のものも漸移的に存在する。

黄鉄鉱
産　地：新潟県新発田市飯豊《いいで》鉱山
大きさ：標本の左右約5cm

飯豊鉱山は戦前より黄鉄鉱の結晶を産したことで知られ、とりわけ、あたかも菱面体のように見える歪形の結晶で著名である。歪形に限らず大型の黄鉄鉱結晶を産しており、コレクターの間でも親しまれている。この標本は、正六面体を基調とする結晶が二つ組み合ったもの。平行連晶により幾何学的に浮き出た面のテクスチュアが面白い。

ンな種ならではの多様性を知るにつれ、味わいが見いだされる。

たとえばマンガン鉱山で採集していて、鉱床周囲の泥岩中から思いがけず六面体の黄鉄鉱の結晶を見つけたことがある。釣りでいう「外道」といったところだろうか。堆積岩中から産出する黄鉄鉱には、球顆《きゅうか》など面白い集合形態も知られる。国内では岐阜県各務原市苧ヶ瀬《おがせ》などの産地があり、中古生層のチャートにはさまれた黒色岩から産する。

産状の幅広さのため、黄鉄鉱の産地は数限りなくある。人知れず良品を産した産地もずいぶんあるだろう。一方、古くからよく知られる「銘柄産地」は存在する。日本国内では、すでに言及している阿仁鉱山のほか、カラー口絵など写真で紹介している青森県尾太鉱山、新潟県飯豊鉱山、栃木県足尾鉱山、大分県豊栄鉱山、奈良県針道などの名があげられる。銘柄産地といっても、その産地の黄鉄鉱がすべてすばらしいというわけではもちろんない。良品を豊富に産し、ある程度継続して供給されたことのほか、詳細な研究が行われたことや、図鑑に取り上げられていることなどが銘柄感につながる。左ページ写真の標本の産地であるイタリア・エルバ島は、リチア電気石[2]をはじめとするペグマタイト鉱物などさまざまな鉱物の古典的な銘柄鉱物産地として知られてきたが、五角十二面体の美しい黄鉄鉱も、エルバ島の名を高めている一因である。

ここで「黒鉱《くろこう》」を忘れてはいけない。「閃亜鉛鉱、閃亜鉛鉱、方鉛鉱及び重晶石の周密なる混合鉱石」と定義される鉱石である。黒鉱鉱床は、秋田県を中心に分布し、日本に特有とされる鉱床だ。塊状か小結晶の集合が主であるが、一部に黄銅鉱や黄鉄鉱、石膏に富む部分があり、ときに良い結晶鉱物を産する。やはり海底火山活動に伴って形成

[2]リチア電気石
リチウムとアルミニウムを含む電気石で、貴電気石ともいう。色彩が多様で透明度が高いため、赤はルベライト、青はインディコライト、緑色のものはヴェルデライトなどの名前で宝石として利用されている。英名のElbaiteは、原産地であるエルバ島にちなむ。

されたものだ。黄鉄鉱の良結晶は、黒鉱鉱床の最下部、白色の粘土中に産する。粘土に囲まれて成長するため、四周すべてが結晶面からなる集合が得られている。

黄鉄鉱

産　地：Ortano Islet, Rio Marina, Elba Island, Livorno Province, Toscany, Italy

大きさ：写真の左右約6cm

五角十二面体の結晶。結晶面に条線がよく発達している。黄鉄鉱はこの条線の向きにより結晶の対称性が一段落ち、「正結晶」と「負結晶」に分けられる。写真の標本は「負結晶」である。細かい赤鉄鉱（鏡鉄鉱）の結晶に覆われ、この産状はここの特徴である。

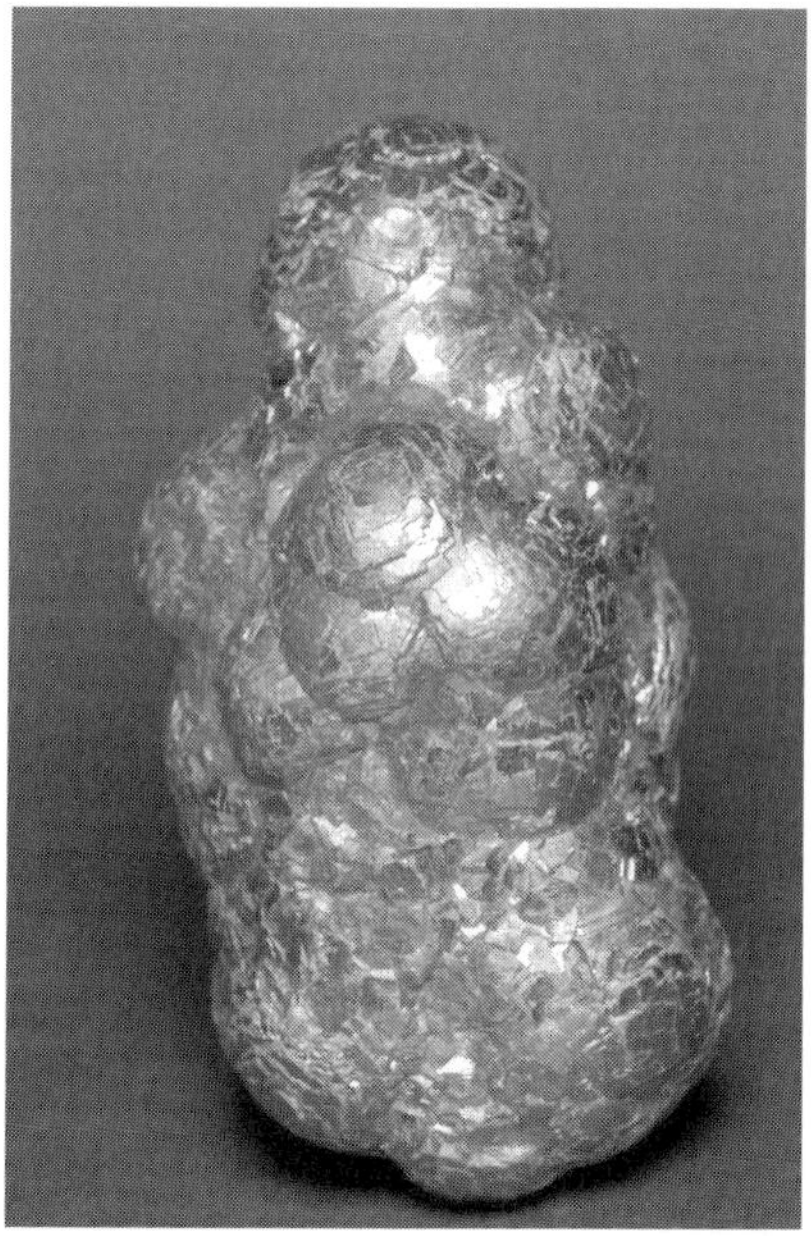

球顆《きゅうか》状黄鉄鉱

産　地：中華人民共和国

大きさ：標本の高さ約5.5cm

豊満な女性を形どった古代の土偶のような、はたまた、はにかみがちに片手を上げる童子のような、興趣ある形を見せる黄鉄鉱の団塊である。2000年代なかごろの一時期、市場に大量にもたらされた標本だが、産地・産状ともまったく不明のままであった。海外からの標本ではままある事態で、このままでは学術的価値には乏しいが、ある日突然解決することもある。あきらめてはいけないのである。

黄銅鉱

黄銅鉱 Chalcopyrite は、黄鉄鉱と並んで金色の鉱物として知られるが、黄鉄鉱と違い、どこにでもあるわけではない。今日の日本国内で、まがりなりにも黄銅鉱が採集できるのは鉱山跡にほぼ限られる。黄鉄鉱に比較して産地が少なく、またその大半が鉱山として開発されてきたことによる。

色は黄鉄鉱よりも黄色味、暖かみが強く、とくに新鮮なものは見る者に非常に強い印象を与える。だが変色しやすく、保存状態が悪いと虹色から独特の青黒色を経て黒色に変化する（カラー中口絵写真12番参照）。そうなるともう、元に戻すことはできない。それゆえ、新鮮な色艶を保っている黄銅鉱は非常に貴重である。

結晶の形は、黄鉄鉱の多くが四角を基調とするのに対し、三角形、正四面体を基調とする（だが等軸晶系ではない）。もっとも、結晶面をすべてはっきり見せているものは少なく、多くは複数の結晶が集まり、また結晶面が複雑に組み合わさり、あるいは微斜面や条線などによって、シンプルな四面体をあまり感じさせないことのほうが多い。黄鉄鉱や閃亜鉛鉱と比べ、大きな形態変化には乏しい印象があるが、独特の形態にはほかの鉱物には代え難い魅力がある。とくに「三角黄銅鉱」と呼ばれる特殊な形態のものは、秋田県荒川鉱山など東北地方の鉱山の特産として知られ、たいへん珍重されている。左ページの図は、その形態を四面体からの変化で説明した論文からの引用である。黄銅鉱

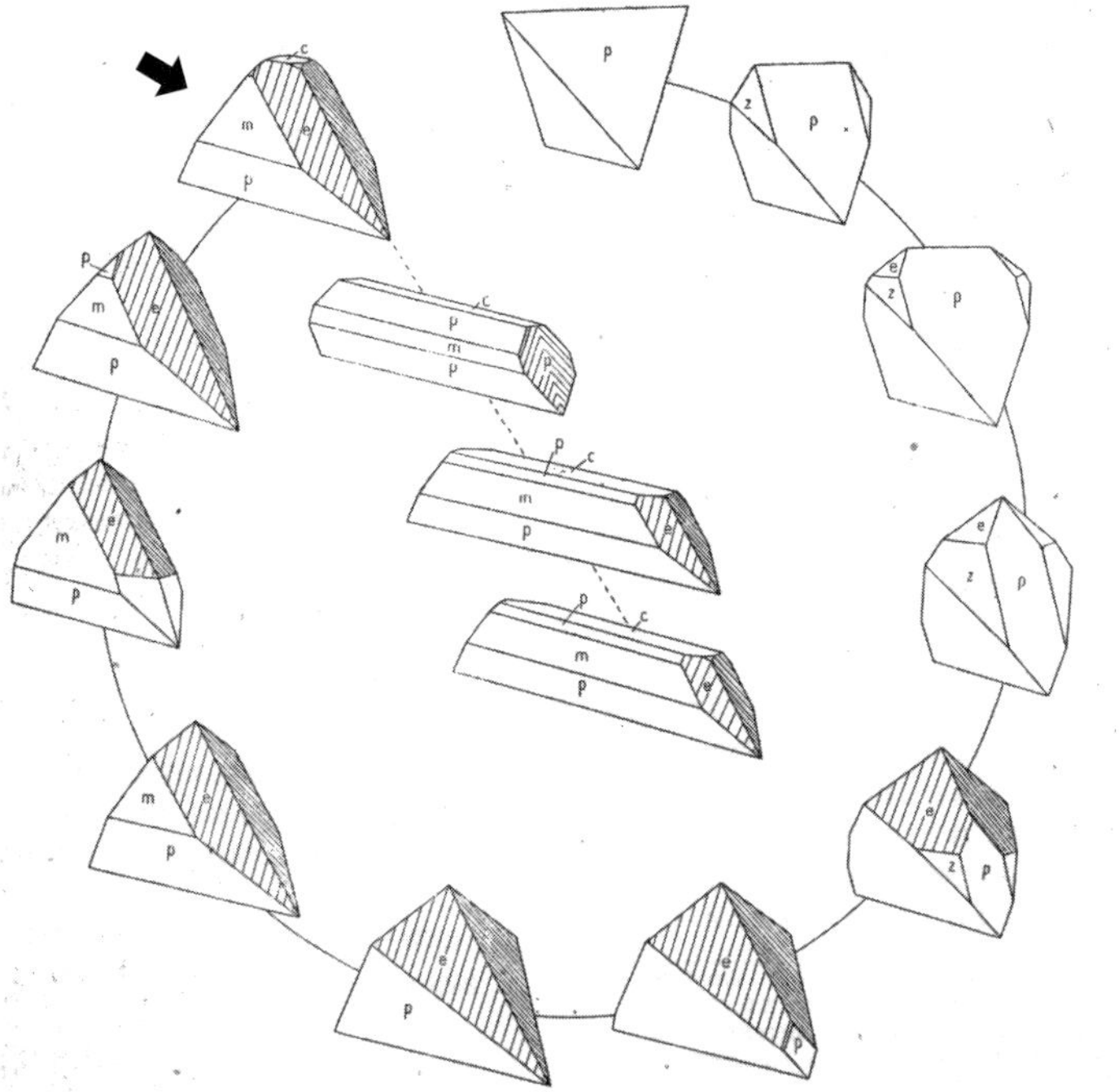

Fig. 7 Triangular habit of chalcopylite from Funauti mine, Aomori Pref.
——— tetrahedral crystal and triangiar shaped crystal ……triangular needle crystal.

いわゆる三角黄銅鉱の形態変化。青森県舟打鉱山産のものが例にとられている。

砂川一郎『所謂三角式黄銅に就いて』「地質調査月報　第2巻第6号 」、1951、p.17-（263）より引用。

同論文では、「三角式黄銅鉱」の産地として、岩手県和賀郡湯田村檜山鉱山、秋田県鹿角郡小坂町金畑鉱山、秋田県仙北郡荒川村荒川鉱山、同宮田又鉱山、新潟県西蒲原郡間瀬村間瀬鉱山、石川県能美郡西尾村尾小屋鉱山をあげている。

三角黄銅鉱

産　地：青森県中津軽郡西目屋村尾太鉱山
大きさ：写真の左右約1.5cm

三角黄銅鉱は、黄銅鉱の晶癖の名称のひとつで、日本の東北地方にのみ、それも新生代第三紀の熱水鉱脈型鉱床からだけ産出が知られている。写真の三角黄銅鉱は、典型的な三角板状を成すもので、上図の矢印で示した結晶図とほぼまったく同じ形態を見せている。

の結晶に関しては、この図の範囲で見ておけばおおむねフォローできるだろう。

一方、黄銅鉱は銅鉱石として最も重要な鉱物である。銅と鉄の硫化物であり、銅の品位自体は銅の硫化物である輝銅鉱[3] Chalcocite などほかの鉱石鉱物に譲るが、鉱石としては黄銅鉱のほうが優良なのだそうだ。

多くの鉱山では、無垢の黄銅鉱でできた切羽を「金屏風」と称し、見学者を案内するコースの「目玉」にしてきた。坑壁一面がすべて金色に輝くというものである。筆者（高橋）は、学生のころ秋田県のある鉱山で開けたばかりの新鮮な「金屏風」に案内されて大変感激したことがある。ダイナマイトで崩したばかりの鉱石を専用のバックホーで運び出すなか、もうもうたる粉塵と蒸気の向こうに現れた黄銅鉱の輝きは息を呑む美しさであった。

さらに、最も思い出に残っているのは、岩手県の釜石鉱山である。平成のはじめの頃のことだ。日本の近代化を支えた鉄山として知られる釜石鉱山を見学させてもらう幸運にめぐまれ、山中をえぐってつくられた貨物駅なみの広大なバッテリートロッコ操車場、古めかしい鉱山エレベーターなど、丸一日かけて丁寧に案内していただいた。そして目玉として連れてこられたのは、一面の闇に閉ざされた大空間であった。鉱山長が、ここはかつて黄銅鉱を採掘した跡で、面積は野球場がとれるくらいに広いと説明してくれる。高さも相当なものだ。

なにしろ大空間の中段に設けられたバルコニーのような場所で、カンテラを向けても

[3]輝銅鉱
銅と硫黄からなる鉱物のひとつ。銅と硫黄の比率が異なり、外見からの区別が困難な輝銅鉱、方輝銅鉱 Digenite、デュルレ鉱 Djurleite、阿仁鉱 Aniliteの四種を総称して便宜的にいわゆる「輝銅鉱」とすることもある。コレクターの間では、過去の分析結果の記録などから「この産地のものは輝銅鉱」「このものはデュルレ鉱」といったラフな判断がされる。自形結晶は稀。色も鉄黒色であり、どちらかといえば地味な鉱物である。

向こう側に光が届かない。仰天しながら光を右に左に向けていると、闇の中から突然、黄金色の巨大な輝きがうかびあがった。

「一定の間隔で龍頭を残してあります。計算したら半分に間引いても安全だと分かりましたので採掘する予定です。分析でインジウム[4]が出まして……」

地中の大空間にそびえる巨大な黄銅鉱の柱たち。

「なんとか尾去沢鉱山のように観光地化できれば、ここをライトアップして、どんな鉱山にも負けないすばらしい景色をお見せできるんですが」

鉱山長は少し口惜しそうであった。釜石鉱山が採掘を終了したのは、それからまもなく、一九九三年のことであった。

近年の世界で銅鉱石を供給しているのは、主に斑岩銅鉱床[5]（ポーフィリー・カッパー **porphyry copper deposit**）と呼ばれる型の鉱床である。この型の鉱床は全体の品位が低く、多くは大規模な露天掘りで採掘されている。部分的に熱水鉱脈を伴う場合などを除いて、黄銅鉱の目で見えるサイズの結晶には乏しい（逆に、斑岩銅鉱床の銅鉱石見本は、まず鉱物標本市場に出てこない。実は筆者も現物を手にとって見たことはない）。よって、今世紀の世界で黄銅鉱の結晶を市場に供給してくれる鉱山は、ルーマニアやブルガリア、ペルーといった限られた国の熱水鉱脈型鉱床にほぼ限られている。だが、東欧の鉱山にはすでに休山したものも多く、ＥＵ加盟以降の経済的・政治的事情の変化から存続が難しくなってきているといわれ、今後が心配されている。

[4]インジウム
元素記号In。かつては用途に乏しく、亜鉛などの鉱石の不純物として扱われていたが、一九九〇年代、液晶ディスプレイに用いる需要が急増し、一躍有用な資源となり、銀に近い価格で取り引きされた。日本では北海道豊羽《とよは》鉱山がインジウムによって延命したことで知られている。二〇〇六年の閉山までは世界最大のインジウム鉱山であった。とはいえ、肉眼ではっきりそれと識別できるサイズのインジウム鉱物というと極端に限られる。そのため、マニアックな稀金属鉱物としての人気はテルルなどに及ばない。

[5]斑岩銅鉱床
地下の浅い場所に貫入した花崗閃緑岩などに伴う鉱床。広い範囲に及ぶ熱水変質によって形成されたもの。環太平洋造山帯、アルプス－ヒマラヤ造山帯に広く分布し、マレーシアのマムート鉱山などが著名。日本では知られていない。銅の資源として最も重要で、全世界の産銅量のかなりの部分を占める。

方鉛鉱

鉛のほとんど唯一の鉱石鉱物である。

鉱物好きならば、方鉛鉱の姿を思い浮かべることは簡単だろう。しかし、黄鉄鉱や黄銅鉱、閃亜鉛鉱と違い、方鉛鉱に魅力を感じている人は意外に少ないのではないだろうか。国内で稼行している鉱山がなくなった現在では、日本産の新鮮な方鉛鉱の結晶を見ることはかなわなくなったが、海外産の新しい採掘品を目にすると、その美しさには目を見張らされる。

青味の中にも白味をはらんだ銀色、落ち着きつつも光輝のある肌。スパリと鋭く、それでいて柔らかな結晶。いずれも相反する要素が緊張感のあるバランスを保って成り立っているあやうい美しさ。そして、実際にわずかな年月で、青黒く沈んだ、錆びた風情へと移ろってしまうのだ。

しかし、年季の入ったコレクターを虜にして止まない方鉛鉱の真の魅力は、この錆びた風情にあるのではないだろうか。どこの産のものでもよい、実際に手に取ってもらいたい。ズッシリと充実した重量感。この存在感にふさわしいのは、あやうげな美しさよりも深みのある重厚な、堂々たる時を経た方鉛鉱の姿であろう。

方鉛鉱は硫化鉱物の中でも、飛びぬけて大きな比重と、非常に明瞭な劈開を持っている。塊を手に持ってずしりと重く、いかにも鉱石という存在感を発揮するのは、この特

方鉛鉱の劈開片（上）と自形結晶（下）

産　地：Sweetwater Mine, Tenesee, USA.（劈開片）
　　　　岐阜県飛騨市神岡町神岡鉱山（自形結晶）
大きさ：写真の左右約5.5cm（劈開片）
　　　　結晶径約1.4cm（自形結晶）

新鮮な劈開片と自形結晶。どちらも銀色に強く輝き、似たような形状をしている。しかし、劈開片に見える段差には規則性がなく、一方、結晶面に見える段差には、渦巻きのように連続していたりと、結晶成長や逆に溶解した跡を示唆する規則性がある。また、方鉛鉱の結晶面はいくぶん溶けたような丸みを帯びるのが一般的である。

性による。

たとえ塊であっても、多くの場合、割れ口に多数の劈開面が輝く。この劈開片は元の結晶に似た直方体になるので、初心者は結晶と劈開片を見間違いやすい。劈開片をそうとは断らず販売している場合も多く、注意を要する。慣れてくれば分かるが、結晶面には成長の過程を記録した成長丘や、逆にいったんできた結晶が溶けた蝕像などが見られる。一方、劈開面は平滑とはいえ割れ目であり、二方向以上の劈開がある場合（方鉛鉱は、互いに直交する三方向に劈開がある）、劈開の方向に従った段が現れる。

劈開面と結晶面の区別は、方鉛鉱に限らず、標本の鑑定には基本的なスキルである。もっとも、結晶面か劈開面か、ベテランでも初見では迷う場合はある。とはいえ、たとえばトパーズの歪形の大結晶を見て「これは劈開面だね」と決めつけたのでは、ああ、たくさん標本を持っていても、成長丘を見逃すとは、観察はしてこなかったのだな、と評価されてしまうだろう。

方鉛鉱は、この後の項で紹介する閃亜鉛鉱と、ふつう密接に伴って産出する。日本では、スカルン鉱床であれ、熱水鉱脈型鉱床であれ、黒鉱鉱床であれ、鉛だけ亜鉛だけといった単独の鉱床は存在しない。日本各地に残る鉱山跡のズリ[6]で石を割っていると、黒っぽい塊のなかからぎらりと白く光る劈開面が現れることがある。黒い鉄閃亜鉛鉱からなる鉱石のなかに含まれた方鉛鉱だ。比重が重く選鉱が比較的たやすかったためだろうか、ズリでは方鉛鉱の無垢の塊にお目にかかることはまずない。往時の貯鉱[6]跡などを掘り当てれば別だろうが、そういう機会にはなかなか恵まれない。結晶ものだけでなく、

[6]ズリ、貯鉱
ズリは鉱山・採石場などで不要として排石されたもの、またはその捨て場の俗称で、貯鉱は逆に有用であるとして選り分けられ貯蔵された鉱石のことである。両者は本来、正反対の存在だが、あくまで経済的見地から有用、無用の判別をされたものであり、鉱物コレクターの価値観からはしばしば立場が逆転することがある。
全国の鉱山が閉山して久しい今日では、ズリ、貯鉱場にも草木が繁茂し、周囲の景色と区別がつかなくなってしまっているが、現場の経験を積めばそれと見分けがつくようになるものである。

塊でも大型の鉱石が次第に貴重となる所以である。日本では、自国産の鉱物にこだわるコレクターは多いものの、結晶ものではない「鉱石」にはまだ目があまり向いていない。これがドイツやイギリスでは、その限りではないそうだ。日本も今後は彼らの後を追うのかもしれない。

方鉛鉱鉱石

産　地：宮城県栗原市鶯沢細倉鉱山

大きさ：標本の左右約12cm

多数の結晶からなる塊状の方鉛鉱。鉱石としては、私たちが喜ぶような結晶を産するガマの多いところよりも、密度の高いこうした塊状鉱のほうがはるかに優秀である。写真の標本は、割れ口に方鉛鉱の特徴である劈開面をよく見せ、保存も良好である。一級の高品位鉱石の見本といえよう。

閃亜鉛鉱

閃亜鉛鉱は金属鉱物らしくない異色の存在である。ほかの金属鉱物が、結晶形以外は目立った変化に乏しいのに対して、閃亜鉛鉱はきわめて多様な変化を示す。

光沢は樹脂光沢からガラス光沢または金剛光沢。色調は黒色、褐色、赤褐色や、稀に緑色を呈し、純粋なものは無色である（カラー中口絵写真16番、17番参照）。まったく不透明なものから、カットグレードのクリアなものまで、まさに千変万化である。そこで「カラス」（黒色不透明）、「べっ甲亜鉛」（褐色透明）、「ルビージャック **rubyjack**」（赤褐色透明）など、状態に応じた通称で呼ばれることがある。屈折率が高く、分散が大きいため、透明なカット石は美しく映える。ただし、軟らかいことに加え、劈開が発達して欠けやすいため、近年まで研磨は難しいとされてきた。カット石のエッジは甘くなってしまうのである。そのためか、宝石としての「スファレライト」の一般的な認知度はまだ低く、コレクターズジェムとして珍重されているにとどまっている。硬度が低いため、装飾品としての耐久性に問題があることも手伝っているのだろう。

結晶は、四面体、八面体、十二面体を基本とし、スピネル式双晶[7] **spinel law twin** など双晶もよく見かける。また複雑な集形を取ることも多く、同じ等軸晶系に属する黄鉄鉱と比べると、一見して正多面体に見えない形のものがある。それでも結晶が細長く伸

[7]スピネル式双晶
立方晶系の鉱物に広く見られ、(111)面を双晶面および接合面とする接触双晶である。正八面体を面をあわせて二つ重ねると、互いに三組の凸出角と凹入角ができる（写真の左）。凹入角には優先的な結晶成長が見られる「凹入角効果」があり、三角板状になることが多い（写真の右・結晶模型）。スピネルに多く見られるが、ほかにも磁鉄鉱や閃亜鉛鉱、ダイアモンドでも観察される。

びることはまずなく、やはりころりとした形状であることには変わりがない。そのため透明感があることも加わり、スカルン鉱石中などでは一見して柘榴石（この文脈では灰

閃亜鉛鉱

産　地：岐阜県飛驒市神岡町神岡鉱山栃洞地区

大きさ：写真の左右約4cm

正四面体を基調とする閃亜鉛鉱の群晶。鉄を含み、黒色不透明である。こうしたものは鉄閃亜鉛鉱Marmatite とも呼ばれる。シャープな結晶と強いテリが魅力的である。神岡鉱山（栃洞地区）の閃亜鉛鉱の美麗な結晶は、主に方解石や水晶を脈石とする「白地」と呼ばれる鉱石の晶洞部に産した。写真の標本は閃亜鉛鉱のみからなるものだが、多くは方解石の結晶や水晶との美しいアンサンブルを見せる。

閃亜鉛鉱

産　地：埼玉県秩父市大黒秩父鉱山大黒坑

大きさ：写真の左右約3cm

正八面体を基調とする閃亜鉛鉱の結晶。やはり黒色の鉄閃亜鉛鉱である。結晶表面の成長丘による幾何学的な模様が標本の魅力を増している。結晶表面が平滑でなく、細かく幾何学的な段が生じることは一般的によくあるが、こと秩父鉱山（大黒坑）の閃亜鉛鉱にはその傾向が強い。

秩父鉱山に限らず、大規模な鉱山は坑により「ツラ」が異なることが普通だが、大黒坑の閃亜鉛鉱の美品は、ほぼ閃亜鉛鉱のみからなり、黄鉄鉱や硫砒鉄鉱をはさむ塊状鉱石の空隙に生じているものが多い。また水晶が伴われる場合は、閃亜鉛鉱の隙間にいきなり小結晶が生えることが特徴的である。なお、上二番坑、上三番坑などのものも（同一鉱体の別部分であるため）大黒坑産とされる場合があるが、随伴鉱物や「ツラ」は異なる。

鉄柘榴石）と紛らわしいことがある。その場合は、まず劈開の有無が見分けるポイントとなる。柘榴石には劈開はない。もっと見慣れてくれば、樹脂のような独特の質感が手がかりとなる。かつて鉱山で「ヤニ」という俗称で呼ばれた所以だが、微細な結晶や、ほかの鉱物と密接に絡んできたりすると、なかなか分かりにくい。初心者にとっては同定の難しい鉱物である。堀秀道氏の『楽しい鉱物学』に、「鑑定の難しい鉱物の最たるものとして知られている」(p.94）とあるが、これはさすがに言いすぎだろう。

現在でも鉱山跡のズリを探せば、ただ閃亜鉛鉱というだけのものならば、比較的容易に採集することができる。方鉛鉱の項で触れたように、日本各地に点在する小規模な鉱山のうちには、銅・鉛・亜鉛を目的とした鉱山が多数含まれる。黄銅鉱などに比べると、閃亜鉛鉱の塊に出会う機会はまだまだ多い。だが多くは長年天水にさらされ、風化しており、大型の自形結晶など高品質の標本を採集で得るには、たいへんな困難を伴う。ほかの金属鉱物同様、鉱山稼行当時に採掘されたものを購入するのが現実的な方法となる。

また閃亜鉛鉱といえば、ごく一時的に巨大な結晶を産した鉱山がいくつかあることでも記憶されている。日本国内でいえば、秋田県佐山鉱山（左ページ写真）、海外ではアイルランドのモーグル鉱山 **Mogul Mine** などが知られている。モーグル鉱山では、一九七八年に3m×2m×1mという巨大晶洞が発見され、すばらしく美しい閃亜鉛鉱や方鉛鉱、四面銅鉱の大結晶を産した。もっとも、ヨーロッパの傑出した標本の常で、[8]日本にはほとんど入ってきていない。

[8]ヨーロッパの標本
一般にヨーロッパのコレクターには自国や欧州地域の鉱物にこだわる傾向が強く、良品は西欧のマーケットで高値で取引されることが多い。輸入したとしても割高感のあるものとなってしまうため、日本の業者としては二の足を踏むことがままある。

閃亜鉛鉱

産　地：秋田県北秋田市 阿仁 萱草 佐山鉱山

大きさ：結晶の左右約16cm

閃亜鉛鉱の世界的な大結晶を産したことで著名な佐山鉱山は、有名な阿仁鉱山に近接する鉱山である。大結晶の産出時期は限られ、おのずと写真のような良品の現存数も限られている。163ページに掲載した輝安鉱の産地、中国・卢氏（ルーシ）もその例だが、世界的な大結晶が小規模な鉱山から見いだされるケースがあるのは興味深い。

この写真の標本は、やや透明感のある赤褐色の偏菱《へんりょう》十二面体の結晶で、手前に見えている結晶面は緑色を帯び、面上に三角形の成長丘を多数見ることができる。大結晶ならではのどっしりとした存在感は、写真からも伝わっていることと思う。

輝安鉱

鉱物コレクターの多くが、輝安鉱といえばまず市ノ川鉱山の長大な結晶を思い浮かべるだろう。輝安鉱を語るうえで「市ノ川鉱山」を抜きにすることはできない。

愛媛県西条市大生院《だいじょういん》市ノ川鉱山は、7世紀にはすでに鉱石が発見され、明治期に日清・日露などの戦争を契機として、アンチモニー[9]の鉱山として発展した。そして明治14年ごろ、長さ数十センチから時に1**m**にもおよぶ世界最大級の輝安鉱結晶を多産し、世界に名を知られるようになった。産出した見事な結晶のうちかなりの部分が海外に輸出され、世界中の博物館やコレクターに収蔵・所有されたのである。後年、ルーマニアや中国から良品や大結晶がもたらされるようになったが、「市ノ川の輝安鉱」の地位は下がっていない。むしろクラシカル・スペシメンとして珍重されている。

輝安鉱の新鮮なものは、非常に光輝の強い白銀色であるが、次第に青味を帯び、最後には黒鉛灰色となり、光沢も失われてしまう。一般的に鉱物標本の保存に対する意識の低い日本では、残念なことに多くの輝安鉱が黒変し、かつての輝きを失ってしまっている。また輝安鉱は硬度2と軟らかく、傷つきやすい。近年の新聞紙など炭酸カルシウムを含んだ紙で包むと、たちまち結晶が傷だらけになってしまう。そんな「ずるずる」な輝安鉱では、標本としての価値は著しく下がってしまう。最近、某旧帝大の研究室で、変色した新聞紙に包まれた輝安鉱の結晶が埃をかぶって転がっていたという話をきいた

[9]アンチモニー
元素記号Sb。銀白色を呈する半金属。古くは活版印刷の活字や砲弾に用いられ、現在でも各種合金や材料の添加物として使用されている。しかし近年、人体への毒性が疑われ、その配慮から使用が控えられる傾向にあり、資源としての需要は減少すると思われる。主要な鉱石は大半が輝安鉱であり、ほかにベルチェ鉱 Bethierite、バレンチン鉱 Valentiniteがある。

ことがあるが、おそらく「残念もの」となってしまっていただろう。市場に出始めの時期の中国産の大結晶にも、そうした「ずるずる」の結晶はよく見られた。もっとも最近では扱いが洗練され、そのようなことはない。

その点、近年になって海外より「里帰り」した輝安鉱は良好な状態を保っているものが大半である。海外へ大量に流出したことは、標本にとっては幸いだったようだ。どのような来歴にせよ、「里帰り」標本の大部分は、個人コレクターか博物館などの機関が所蔵していたものだ。多くはきちんとした管理のもと収蔵されていたものだが、なかには、一見して光輝も曇り汚れているが、アルコールで丁寧に洗浄すると輝きを取り戻すものがある。アルコールが茶色く汚れることから、パイプのヤニにコーティングされていたものと推測される。書斎に飾られていたものであろうか。

こと日本では、輝安鉱は「輝安鉱」というだけで人気がある。「金属鉱物」に特有の金属光沢を持ち、分かりやすい黄鉄鉱が入門編的な位置づけだとすれば、輝安鉱は

輝安鉱

産　地：中華人民共和国河南省三門峡市小秦岭卢氏县
（大河沟鉱山？）
(Dahegou mine? Lushi Co., Xiaoqinling ore belt, Sanmenxia Prefecture, Henan Province, China)

大きさ：写真の上下約10cm

「卢氏（ルーシ）」という名で世界の鉱物趣味人に記憶されたこの産地の輝安鉱は、すでに「クラシカル」として扱われている。90年代後半、中国・河南省から国際鉱物標本市場に彗星のように現れたものである。素晴らしく輝くよく発達した結晶面、繊細で均整のとれた条線、柱面にときに見える屈曲で特徴づけられるこの産地の輝安鉱は、分離した単結晶で、必ずどこかに傷があった。写真の標本でも、屈曲と傷の双方が認められる。
市場に出た輝安鉱の巨晶は、1994年12月から95年３月の間に、わずか二、三の晶洞から得られたのみという。それ以前にも最大で1メートルを超える結晶を産出していたが、鉱山の人々はコレクタブルとしての価値を知らず、輝安鉱はただ壊され、アンチモン鉱石として出荷されてしまった。また初期には標本市場にもまったく梱包されずに出されていた。結晶の傷はその痕跡である。鉱山は個人経営のたいへん小規模なもので、すでに休山している。鉱山主が標本価値を認識して以降は、重晶石の透明な大結晶を伴う素晴らしい群晶がいくらか国際市場に出されたが、それは中国のほかの著名なアンチモン鉱山、たとえば世界最大規模を誇る湖南省の新化錫鉱山（Xikuangshan antimony orefield）の同時期の標本に比べても、あらゆる面で珍重されているという。

その先にある感がある。適度に珍しく、閃亜鉛鉱や方鉛鉱などと違い、針状から柱状、銀色の結晶という外観のためであろうか。日本を代表する鉱物のひとつであることも、この鉱物種に魅力を与えている。良品を得ようとすると急に難しくなることも、コレクター心理を喚起するところだ。これは銘柄品である市ノ川に限らない。

実のところ、市ノ川の輝安鉱標本は現存数が比較的多く、価格さえ問わなければ、世界のどこかで売りに出ている。むしろ、ほかの国内鉱山の良品のほうがよほど得難い。筆者は、ある老練のコレクター氏のお宅にお邪魔したとき、歓談する氏の肩越しに見える標本棚の輝安鉱の見事な群晶二点がどうしても気になり、つい話を中断して、あれはどこのものですかと尋ねてしまったことがある。古い日本のものであろうことは遠目にも分かったが、市ノ川ではない。それ以上の判断がどうにもつかなかったのだ。

コレクター氏は、やはり気になりますかと相好を崩し、大分県馬上《ばじょう》鉱山と愛知県津具鉱山のものだと教えてくれた。氏が東欧に出張した際、当地の博物館で買い求めたとのことだった。博物館の経済的事情からか、館内の片隅で安く無造作に売られていたそうである。馬上も、津具も、輝安鉱や自然金の良品を産したことで知られている。古い時代にヨーロッパに渡った標本であろう。いずれも現在では入手困難な逸品であった。

ほかに輝安鉱で知られる国内鉱山には、兵庫県中瀬鉱山がある。この鉱山は比較的最近まで操業していたため、まだいくらか出物がある。さらに、かつてアンチモニーを採掘した、ないしは金などを目的とし、輝安鉱も産した小規模鉱山は全国にある。多くは小さな結晶を産したにとどまるが、良品はまだ意外なところに眠っているかもしれない。

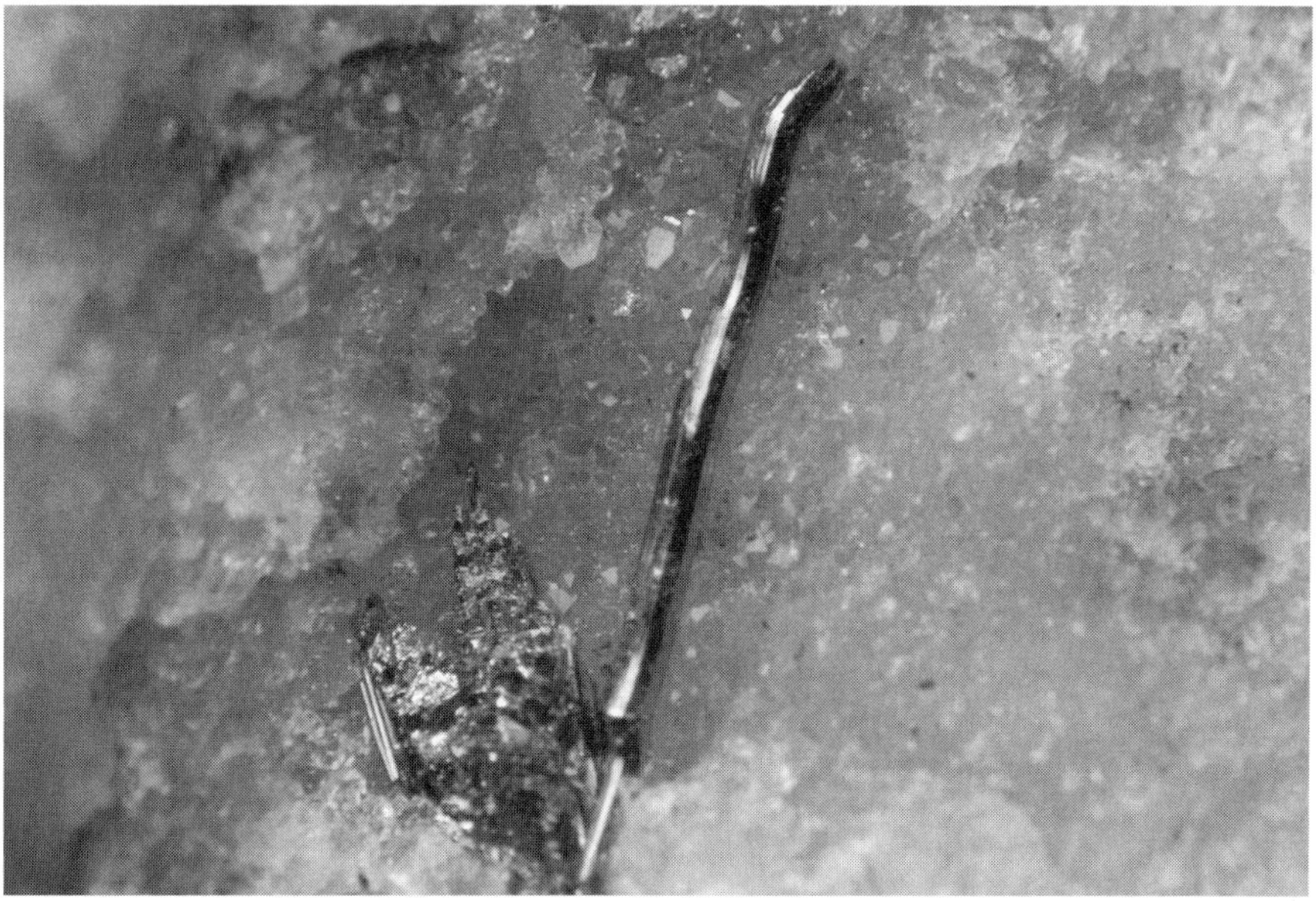

輝安鉱

産　地：大分県杵築市山香町三井大高鉱山
大きさ：結晶の長さ約6mm

小鉱山の輝安鉱の例。石英脈中の小空隙に成長した輝安鉱の結晶である。深い条線やはっきりしたキンク（結晶の折れ曲がり）に、いかにも輝安鉱という「らしさ」が感じられ、小品ながら佳品という風情がある。三井大高鉱山は本文中に名前が出ている馬上鉱山から西に直線距離で6kmほどに位置し、変朽安山岩中の含金銀石英脈を採掘した小鉱山である。『日本金山誌』によれば、昭和10年、11年に鉱石を出荷した記録があるのみで、同13年11月三井鉱山の経営となるが、同18年金山整備令（戦争の激化による金属資源の傾斜生産のため中小鉱山の休廃止を行った政策）で閉山するまで、鉱石の出荷はなかったとのことである。

輝安鉱

産　地：福井県今立郡 池田町荒谷鉱山
大きさ：写真の左右約1.5cm

三井大高鉱山と同様、金山整備令で休山し、戦後再開を見なかった小規模金山の輝安鉱の例。角礫状の凝灰岩～火山砕屑岩中に網目状に発達した玉髄質の含金石英脈中の輝安鉱。画面左下に、強い金属光沢を持つ破面が認められる。1cm以下のごく小さな晶洞に細い毛のような結晶が見える。小なりとはいえ、いちおう頭つき自形結晶である。この鉱山は鉱物趣味人にはまったく知られていないが、20cmにおよぶ輝安鉱の自形結晶を産したという文献記録がある。なお、現地には鉱山施設の廃墟はあるが、ズリなどは残っておらず、写真の標本は川の転石からようやく得られたものである。

硫砒鉄鉱

黄鉄鉱から輝安鉱までの各種は、基本的な金属鉱物として誰もが了解してくれる選択だろう。本書も終わりに近づき、ここでハタと筆が止まった。その次となると、選択に迷うのである。車骨鉱[10]はどうだろうか。確かに人気はあるが、あまりに産地が限られ、一般性に乏しく話に広がりがない。四面銅鉱[11]はどうか。正四面体という形状は魅力的だし、産状も比較的多彩だ。しかし、どうにも渋すぎるきらいがある。筆者二人で協議の結果、まあ硫砒鉄鉱と銀鉱物が適当なところだろうと落ち着いた。

硫砒鉄鉱は、砒素の資源鉱物である。銀色で、多くは菱餅のような結晶形をとる。海外産の硫砒鉄鉱では、やはり瑶崗仙鉱山 **Yaogangxian Mine**をはじめとする湖南省の鉱山のものが印象深い。90年代以降、水晶や蛍石を伴った、新鮮でぎらぎらと輝くシャープな結晶が驚くほど安価に売られている。ほかには、メキシコ、チワワ州の諸鉱山や、ロシア、ダルネゴルスク鉱山のものをよく見かける。やはり新鮮な、ぎらぎら輝く白銀色をしている。産地によっても異なるところだが、条線が深かったり、のこぎりの刃のようになったりする形状と、結晶面が湾曲して見えたりするあたりが、この鉱物を特徴づける魅力だろうか。

新鮮なものは独特の白銀色だが、錆びると金色か青色よりの虹色を経て黒味を帯びる。硫砒鉄鉱を産する現役の鉱山のない日本では、程度の差こそあれ、国産の標本は多少な

[10]車骨鉱
Bournonite。鉛、銅、アンチモニー、硫黄からなる鉱物。新鮮なものは銀色だが、すぐに錆びて鉄黒色となる。反復双晶をして歯車や車軸のような形態となることが多いためこの和名がある。イギリス・コーンウォールのものが古典的銘柄品として知られ、近年ではボリヴィアや中国産のものがよく見られる。国内では圧倒的に埼玉県秩父鉱山の立派な結晶が著名だが、細かい結晶を少量産した小産地は各地にある。

[11]四面銅鉱
銅、鉄、亜鉛、アンチモニー、硫黄からなる安四面銅鉱 Tetrahedriteと、銅、鉄、亜鉛、砒素、硫黄からなる砒四面銅鉱 Tennantiteがあり、アンチモニーと砒素の量比は連続的に変化する。両者の区別は肉眼ではつかず、一般に「四面銅鉱」といえば、おおむね安四面銅鉱のことを指し、場合によっては砒四面銅鉱のこともある。結晶外形が特徴的だが、破面の独特の色と質感も同定の手がかりとなる。結晶形のはっきりしない破面を見て「これは四面銅鉱っぽいな」と判断できれば、ベテランの域だろうか。

硫砒鉄鉱

産　地：大分県豊後大野市 緒方町 尾平鉱山
大きさ：標本の高さ約22.5cm

尾平鉱山の「特産」ともいうべき、硫砒鉄鉱の長柱状結晶集合。この標本は、多数の結晶が平行的に集合し堂々たる存在感と繊細なシャープさをともに感じさせる見事なものである。

この形態の硫砒鉄鉱は産出時期が限られ、同時に産した放射球状のものとともにクラシカル・スペシメンとして珍重されている。海外に出た標本も多く、たまに「里帰り標本」を目にすることもある。小型のものはともかく、大型標本の現存数は相当に限られる。銅鉱脈中に蛍石 Fluorite、錫石 Cassiterite などを伴う。

りとも錆びたものしかない。また「独特の白銀色」と書いたが、実際には産地などによって、成分に揺らぎなどがあるため、意外に色の幅は大きい。それゆえ、未詳の産地の現場で「これは何か珍しい金属鉱物に違いない」と思いきや、正体は硫砒鉄鉱ということもままある。こと結晶の外形がはっきりしないようなものでは、劈開がなく、ざらついた破面の質感のほうが同定のカギとなる。

日本では、スカルンのほか、かつて気成鉱床と呼ばれた種類の熱水鉱脈型鉱床が主な産状として知られている。代表的な産地としては、茨城県高取鉱山、埼玉県秩父鉱山、大分県尾平鉱山などの大鉱山の名があがるが、細かい産地も多い。岐阜県相戸鉱山や金城鉱山などはたいへん小規模の鉱山だが、均整の取れた美しい結晶で知る人ぞ知る存在である。また、花崗岩と堆積岩の接触部の採石場や工事現場から、ごく一時的に美しい結晶を産した例もあり、あるいは、今後も、思いがけない場所から新鮮な結晶が得られる可能性もある。硫砒鉄鉱も伴う銅・鉛・亜鉛鉱山の跡ではズリに捨てられていることも多く、ずしりと重く、銀色の割れ口を持つ「いかにも鉱石」という塊もなくはない。ただし、硫砒鉄鉱のみからなる無垢の塊となると、あまり見たことがない。一方、たとえば石英、緑泥石などを間にはさんでいることが多いのだ。方解石や石英脈中に結晶が点在するものでも、硫砒鉄鉱の比重の高さのため全体としては妙に重い石になっていることもある。小さな結晶や不完全な結晶からなる塊であれば、現在でも採集の楽しめる鉱物種である。

硫砒鉄鉱

産　地：茨城県北茨城郡 城里町 高取鉱山

大きさ：中央の結晶で高さ約3cm

マトリクスを伴わない「分離品」なので推測せざるを得ないが、結晶のテリの強さなどから、おそらく石英脈中の晶洞に成長したものと思われる。いわゆるグライゼンから産した硫砒鉄鉱の例。高取鉱山の硫砒鉄鉱は、トパーズや蛍石を伴うほか、白色塊状の石英中に埋没する結晶が知られている。運と目がよければ、まだまだ近隣の錫高野《すずこや》の鉱山跡で採集できる可能性はある。

硫砒鉄鉱

産　地：愛知県北設楽郡東栄町振草粟代鉱山

大きさ：写真の左右約4cm

いわゆる「稲目鉱山」の硫砒鉄鉱。137ページの黄鉄鉱と同じく、新生代新第三紀の安山岩に伴う熱水鉱脈型鉱床中に産した結晶。この鉱山は昭和の後半に断続的に、黄鉄鉱、輝安鉱、硫砒鉄鉱などの良結晶を産した。もっとも、硫砒鉄鉱の産状としては特殊な例とされる。鉱山の採掘目的がセリサイトであるため、これら金属鉱物は邪魔物であった。往時は鉱山を訪れると、除けてあった結晶鉱物を分けてくれたものである。最後に金属鉱物の良品を産したのは1990年ごろで、以降は採掘がより優良なセリサイトの鉱体（つまり、金属鉱物をあまり伴わない）に移ったため美しい結晶の産出はとだえた。さらに今世紀に入り、かつて良晶を産した坑が台風で水没、いよいよ絶産となった。

銀鉱物

銀鉱物は、たいへんマニアックな人気を誇る。貴金属であること、独特の外観、同定の難しさが逆に面白さを呼ぶといったことが人気の理由だろうか。「銀鉱物にはまる」といえば、趣味としてかなり奥の方まで進んだといってよいだろう。銀鉱物の肉眼同定といえば、相当な力量ということもできようが、逆に「銀好き」の人ほど、銀鉱石の前ではたいへん慎重になる。結晶の外形がはっきり見えていれば、それを手がかりに同定も可能となるが、塊状や微細な破面で判断せざるを得ないことも多い。こと「紅銀鉱《こうぎんこう》」をはじめとする一連の鉱物では、錆びによる表面の変色の進み具合などにより、色合いが微妙に変化する。それを見極めるのは、なまなかなことではない。

いま説明なく「紅銀鉱」と名を書いたが、主な銀鉱物には、元素鉱物である自然銀 **Native silver**、硫化鉱物である輝銀鉱（針銀鉱） **Argentite (Acanthite)**、輝銀銅鉱 **Stromeyerite** があり、さらに「紅銀鉱」などもう少し複雑な組成を持つ銀鉱物がある。本書も最後に来て、こうして鉱物名を次々と掲げることとなる。

では鉱物名を列挙してみよう。まず濃紅銀鉱、淡紅銀鉱という二種の「紅銀鉱」。これらからなる鉱石には、特徴的な紅色から「ルビー・シルバー」や「血道《ちみち》」といった俗称が与えられている。紅銀鉱は硫化鉱物ではなく硫塩鉱物に分類され、ほかに雑銀鉱 **Polybasite**、脆銀鉱 **Stephanite**、ピアース鉱 **Pearceite**、黄粉銀鉱 **Xanthoconite**、ミア

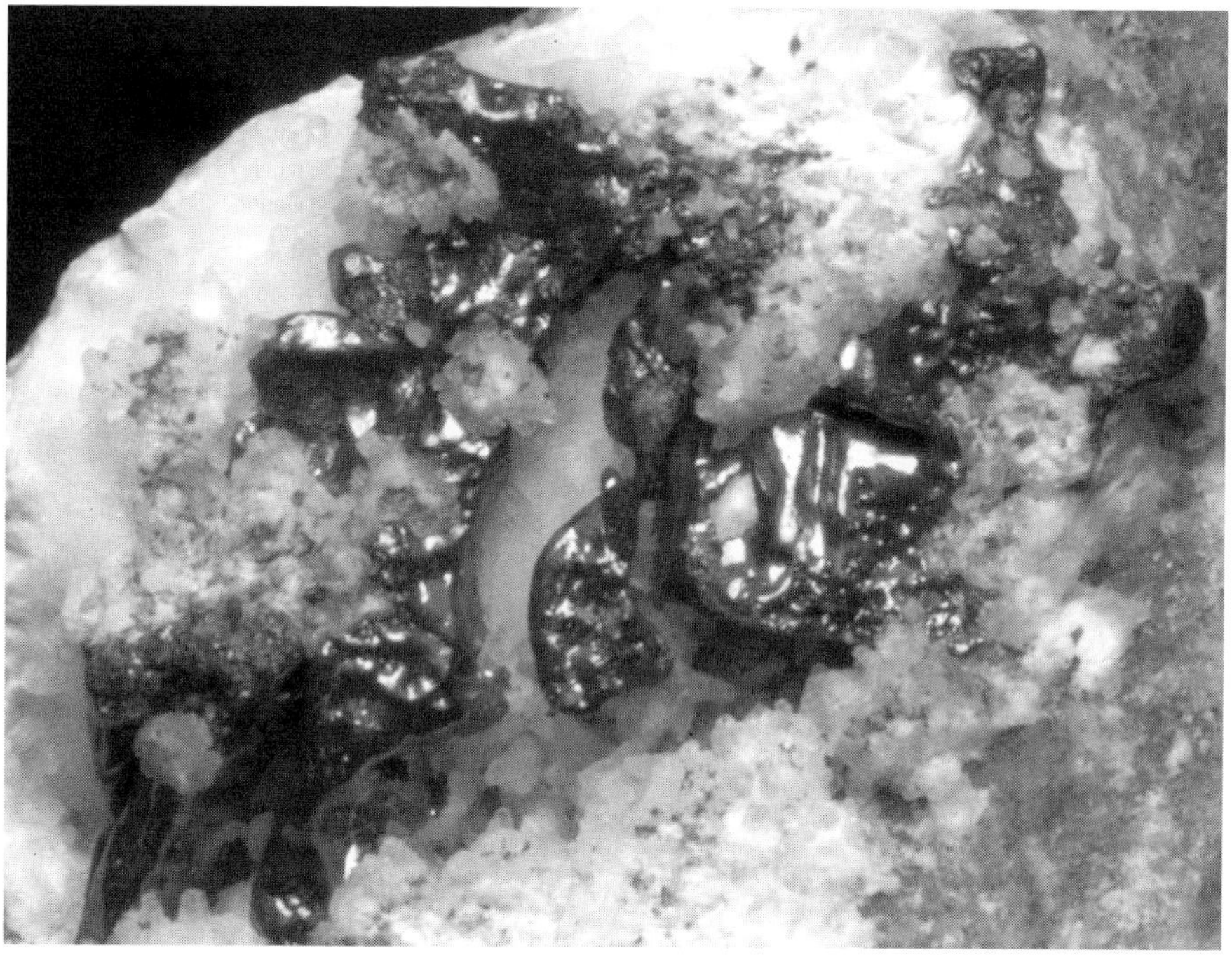

輝銀鉱（針銀鉱）

産　地：静岡県清越鉱山
大きさ：写真の左右約 4 cm

銀鉱脈中の空隙に輝銀鉱の結晶が大きく成長した見事な標本。とろけたような独特の形状を見せるが、よくみると正六面体を基調とする結晶であることがうかがえる。「銀鉱脈」というが、輝銀鉱がほかの硫化鉱物（方鉛鉱、閃亜鉛鉱、黄銅鉱など）とともに密に集合した、銀鉱石として優良な部分ではなく、石英を主とする低品位の部分に産したものである。一般に、金属鉱物の大きな結晶はより高品位の部分（その鉱石鉱物ばかりが大量に集まっている部分）よりも、晶洞の多い部分に見られることが多い。清越鉱山では、ほかに雑銀鉱、安ピアース鉱などの銀鉱物の良結晶でも知られている。

ジル銀鉱 Miargyrite、火閃銀鉱 Pyrostilpnite といったものが知られている。これらはすべて、銀とアンチモニー（または砒素）、硫黄からなる鉱物だ。さらにナウマン鉱 Naumannite、ヘッス鉱 Hessiteなどセレン化鉱物、テルル化鉱物もある。金属鉱物のマニアならば、この先にアグイラ鉱 Aguilarite、スティッツ鉱 Stützite ……などと続けるだろうが、銀好きの人はヘッス鉱以降を「それはテルル鉱物でしょ」と言って別のカテゴリーに入れるかもしれない。もっとも、銀好きの人はたいがいテルル鉱物も愛している。両者は鉱床学的にも縁の深いものだが、趣味のジャンルとしても隣接する。

日本のコレクターの実感で「銀鉱物」といえば、おおむね和名に「銀」の文字が入っている範疇に限られよう。それは名前からくる印象に由来するだけではなく、「いかにも銀鉱物だ」という共通性をある程度見いだせる範囲ということである。

まず、銀の鉱石として存在感のあるまとまりを作ること。輝銀鉱から、紅銀鉱以下、脆銀鉱までの硫塩鉱物はときに密接に集まり、鉱石を構成する。輝銀鉱などの鉱物の結晶粒の集合が鉱脈中で黒い縞のように見えるものは「銀黒《ぎんぐろ》」と呼ばれる。

輝銀鉱は新鮮な結晶では銀色だが、すぐに錆びて黒変する。また、空気中に置いておくと、左ページ下の写真のように結晶から細かいヒゲのような小結晶が生えてくることがある。

一方、石英など白い鉱脈中に細かい紅銀鉱が散在して全体が赤く見えるものや、紅銀鉱が集まって紅色を帯びたものが、先に軽く触れた「血道」である。ここで、とくに結

脆銀鉱

産　地：岐阜県飛騨市神岡町神岡鉱山栃洞地区

大きさ：写真の左右約2cm

透明な水晶のゲス板上に釘頭状の方解石と共生し、輝銀鉱、自然銀、濃紅銀鉱、雑銀鉱、自形結晶をなす硫砒鉄鉱、赤褐色透明の閃亜鉛鉱を伴う。モノクロなのでいくぶん分かりにくいが、写真の脆銀鉱の結晶は方解石の釘頭状結晶と密に接している。脆銀鉱は若干透明感があるためか、やや軽みのある銀色にみえる。

写真の標本のような高品位金銀鉱石は、栃洞鉱床の「白ボケ変質帯」と称された片麻岩の白色変質帯内の石英脈に産した。鉱山の資料では銀鉱物には濃紅銀鉱が最も多く認められたとあるが、標本市場で最も多く姿が見られたのは、むしろ脆銀鉱であった。

「ヒゲ」の生えた輝銀鉱

産　地：栃木県塩谷郡塩谷町玉生《たまにゅう》鉱山

大きさ：写真の左右約1.2cm

先のとがった針のような結晶が、空気中に置かれた「輝銀鉱」から「ヒゲ」のように生えた針銀鉱である。採取された当初は石英中の小晶洞にころっとした形の「輝銀鉱」の結晶が見えていたのだが、三年ほどですっかり覆いつくされてしまった。なお、この文中で「輝銀鉱」とカッコ書きをしたのは、形状は輝銀鉱でも、実際は相転移して針銀鉱になっているためである。

晶粒の大きな紅銀鉱は、決していつも紅色に見えるものではないということを急いで付け加えなければならない。新鮮な紅銀鉱であれば、「ルビー・シルバー」という名の通り真紅に透ける結晶もあるが、多くはどちらかといえば黒銀色で、その内部から深い紅色が見えるといったものだ。「淡」「濃」というが、実際には色の濃淡に決定的な差があるわけではなく、一見して銀色であっても、強い光線に透かすと紅く見えるというものが一般的だろうか。見方を変えれば、透明でありつつ金属的でもあるという、類例を見つけにくい見た目のものだ。その特徴を言語化しようとすると、これがなかなか難しいことになるのだが、数を見ていくうちに「これは紅銀鉱だろう」という判断ができるようになってくる。また、紅銀鉱の特徴を把握できるまで数を見るということは、おのずとほかの銀の硫塩鉱物も見ているということである。そこで「これは銀鉱物だろう」という大まかなあたりもつけられるようになってくる。結晶粒の粗いもの、自形結晶の見えるものに関しては、結晶面の質感が何となく「ぬるっ」としているとか、割れ口がどことなく「ざらっ」としていることが「銀鉱物」の特徴とされる。銀鉱石を作るという点からいっても、共通する特徴が見いだせるという点からしても、先に並べた鉱物名ではヘッス鉱あたりが「銀鉱物」のボーダーとなるだろうか。

ただ、もう一歩踏み込んで紅銀鉱と脆銀鉱の区別だとか、雑銀鉱と脆銀鉱の区別となると肉眼ではかなり難しい。もちろん、化学的に連続する二種の紅銀鉱の区別も、肉眼ではできない。「銀好き」のマニア諸兄が慎重になる所以である。いずれにせよ、どうしても微細なものが多くなるこの手の金属鉱物の同定には、最後には機器分析を用いる必要が出てくる。それでも肉眼で判断できる限界のところまでは何とかしようとするのが、マニアというものだ。自形結晶の外形のほか、割れ口の質感、集合の様子、錆び方、色、鉱物組み合わせ……などを手がかりにしつつ、どうにか迫ろうとする。黒銀色の薄い六角板状で、深紅色の内部反射があれば雑銀鉱であろうとか、独特の虹色めいた錆び方をする六角の厚板は、ピアース鉱の特徴としていいだろうかといった具合だ。

などとまとめようとしても、何事にも例外があり、一筋縄ではいかない。これもまた、踏み入れば踏み入るだけ面白くなる「深み」である。

コラム5　鉱物標本市場の変化

標本の入手方法として、最も一般的なものは購入によるものである。

一昔前までは、標本の購入を、採集による入手法に対しての「札束採集」と位置づけ、銭金で鉱物を売買する行為自体を「下の下である」と異端視、邪道視する向きもあった。当時のこうした考えの真意は、いまとなっては知る由もないが、現在では完全に陳腐化している。むしろ、採集による入手が様々な制約によって年々困難になりつつあるなか、標本購入のウエイトは今後ますます大きくなっていくと思われる。

かつては、鉱物標本は専門の標本商で買い求めるほかなく、しかも店の数は少なく、東京都内か関西に集中し、どこの街にもあるというわけではなかった。そのため標本を購入して集めるという選択肢を最初から持たないコレクターも多かったのである。もしかしたら「札束採集は下の下」なる考えも、そうした背景から生じたものなのかもしれない。

その点、現在では東京・名古屋・京都・大阪といった都市で年に数回のミネラルショーが開かれ、国内外の業者が一堂に会するようになった。また、インターネットの普及・発達によって、ネットショッピングやネットオークションを利用して、住んでいる地域に関係なく、自由に鉱物の売り買いを楽しめる状況が生まれている。こうして、趣味の裾野は大きく広がり、市場はかつてないほどの活況を呈するようになった。ただ、それは「鉱物」を扱う市場の活況であって、市場が広がった分、そこに占める「鉱物標本」の割合は相対的に小さくなった。実際、近年の市場では、レアな種類のサンプルか、人目を引く美しい結晶鉱物かの二極化が進んでおり、レアとは言えないが、かといってありふれた種類でもない中間的な鉱物が売りに出る機会が少なくなったとも言われる。良品がふんだんに供給されるようになった良さがある反面、定番の産地の定番のものばかりとなり、コレクターとしては、やや面白みに欠ける寂しさがある。

アメリカでは、同様の変化は一九八〇年代にはすでに進行していたという。日本も、一九八七年の東京国際ミネラルフェアの開始以降、その変化の波をかぶったと考えるのが自然であろう。また、東京国際ミネラルフェア以前は「鎖国状態」と形容されるほど、海外の事情は伝わっていなかった。美麗な海外産標本を、国内で安価に求めることは誰にもできなかったのである。

市場の拡大を見て、業者の数が急増しているのがここ数年の状況である。なかには商品知識のおぼつかないにわか業者もいるが、その一方でアマチュアの間から新しい動きが出てきたのも昨今の特徴だろう。ネットオークションなどに個人による余剰標本の出品はさかんに行われているし、アマチュアによるショウへの出品・出展も充実してきた。欧米、とくにヨーロッパのショウでは、ディーラー、コレクター、研究機関のそれぞれが出展し、三位一体となって盛り上げてきた。あるアメリカ人ディーラーによると、日本のお客さんは一般に勉強熱心で、鉱物についての知識水準は高いという。微細な鉱物、稀少な鉱物に向かう人が多く、自国の標本にこだわりを見せるなど、マニア気質はドイツ人に近いのだそうだ。「開国」から二十年。成熟した標本市場が日本に現れる日は、案外遠くないのかもしれない。

戻り、昭和44年（1969）の閉山後も現在にいたるまでアンチモニーの精錬事業を続けている。中瀬鉱山の鉱床は新第三紀の火山噴出に伴う熱水鉱脈鉱床で、三郡変成岩類中に胚胎する。鉱脈は石英に輝安鉱やベルチェ鉱などアンチモン鉱物のほか閃亜鉛鉱や四面銅鉱からなり、脈の中央に向かい段階的に変化する。また自然金の立派な結晶を産したことでも有名である。

■馬上鉱山（ばじょうこうざん）
p.164
大分県速見郡山香町馬上鉱山

寛永６年（1629）開山と伝えられ、江戸時代に盛んに稼がれたが湧水のため放棄された。明治43年（1910）開坑、蒸気機関を用いた排水に成功し、その後昭和25年（1950）まで金山として操業を続けた。大正年間の売鉱記録によれば、往時の金鉱石は驚くべき高品位で、明治の終わりから昭和24年（1949）までの間に純金にして10トンあまりの金を産したという。鉱床は花崗岩質岩および変朽安山岩中の熱水鉱脈型鉱床で、鉱脈は石英を主に、自然金、輝安鉱のほか濃紅銀鉱、ミアジル銀鉱など銀鉱物、自然砒を伴うものであった。輝安鉱の良晶など現存する標本には、馬上鉱山の東側に隣接する新馬上鉱山のものもある。

■細倉鉱山（ほそくらこうざん）
カラー前口絵写真８番、p.85、p.157
宮城県栗原市鶯沢

発見は大変に古く９世紀の中ごろ、平安時代にさかのぼる。江戸時代は仙台藩直轄の鉱山として、銀とのちに鉛を多く産出した。明治に入り、いったん国有化されたあと民間に払い下げられたが、度々所有者が変わっており、業績もあまりかんばしくなかった。昭和９年（1934）に三菱鉱業の経営により、規模を拡大し、昭和12年（1937）に精錬施設を整備したことで、大きく発展を遂げた。昭和62年（1987）閉山。鉱床は、浅熱水性裂罅充填鉱床であり、方鉛鉱・閃亜鉛鉱・黄銅鉱・四面銅鉱・蛍石・水晶・方解石などを産した。

■和賀仙人鉱山（わがせんにんこうざん）
カラー中口絵写真11番、p.138
岩手県北上市和賀町　和賀仙人鉱山

鉱床は、一部スカルンを含む、熱水交代鉱床。主に銅と鉄を採掘したが、特に鉄鉱石は非常に燐分の少ない、大変に質の良い結晶質の赤鉄鉱、いわゆる「鏡鉄鉱」であった。そのため、昭和13年（1938）仙人鉄山K.Kとなり、東北電気製鉄の低燐電気銑鉄の原料として鉄鉱石を出鉱する優良な鉱山となった。しかし、昭和28年（1953）に着工となった湯田ダムによって、鉱床の一部が水位の上昇による影響を受けるため衰退し、末期はベンガラ等を生産するなどしていたが、最終的に事業から撤退した。一時期、新潟県赤谷鉱山から買鉱した鏡鉄鉱が現場に積まれていたことがあり、注意を要する。

（「産地解説」は185ページから）

等々、魅力的な鉱物が豊かな鉱山で、コレクターにとってはまことにありがたい存在。

■津具鉱山（つぐこうざん）
p.164
愛知県北設楽郡設楽町大桑

天正年間（1573〜92）、武田信玄によって金山として開山されたと伝えられる。近代以降は昭和７年（1932）再開発が始められ、昭和9年（1934）以降、本格的な操業を行い、金のほか少量のアンチモニーを出鉱した。戦後採掘を再開し、昭和31年（1956）閉山。鉱床は、主として新第三紀中新世の凝灰岩および領家変成岩中に胚胎する熱水鉱脈型の金銀石英脈である。自然金、輝安鉱のほかに磁硫鉄鉱、閃亜鉛鉱、方鉛鉱などを産した。また少量ながら辰砂を産し、自然金には独特のスポンジ状の外観のものが知られているが、天然アマルガム（金と水銀の合金）の水銀が揮発し金のみが残ったものといわれる。輝安鉱は、放射状など美しい結晶集合で産し、ときに長さ数センチ以上に達した。方鉛鉱、黄鉄鉱なども自形結晶を産したという記録があるが、現存する良品は少ない。

■苗木（なえぎ）
カラー前口絵写真４番解説、p.30
岐阜県中津川市

岐阜県苗木のペグマタイト産地は、明治時代から福島県石川、滋賀県田上《たのかみ》と並び称されてきた。黒水晶、微斜長石、トパーズ、緑柱石、蛍石などのほか、苗木石（変種ジルコン）、フェグソン石、ガドリン石など稀元素鉱物の産出で知られる。地名の「苗木」は、中津川市鉱物博物館のある岐阜県中津川市苗木のことだが、鉱物産地名としては、10ｋｍ四方ほどの広い地域を指して「苗木」と呼ぶことが多く、産地の混同もまま見られる。中津川市苗木、並松、浅間山《せんげやま》、旧福岡町植苗木、高山、木積沢《きちみざわ》、旧蛭川村一色、新田、田原、恵那市毛呂窪といった産地が点在しているが、この地域を「苗木地方」と一括するのは鉱物関係に限られるため、注意が必要である。

この地のペグマタイトを著名なものとした鉱物にトパーズがある。日本産トパーズは、滋賀県田上産のものが明治10年（1877）、内国勧業博覧会に出品されて以降知られるようになり、「苗木」産はその後の発見になる。明治17年（1884）よりはじめられた砂錫の採掘に伴って産出し、著名となった。苗木や田原のペグマタイト鉱物は、商業的な採掘の対象にあまりなっておらず、花崗岩の石切り場からもたらされるものが中心と考えられているが、古くはむしろ錫など砂鉱の採掘に伴われるものであった。

明治17年、当地の高木勘兵衛氏が上京し、東京神田小川町に「金石舎」という宝石・鉱物標本店を開業する。勘兵衛翁は当地の鉱物を精力的に集め、世に知らしめた。この金石舎で明治32年（1899）より小僧奉公をしていたのが、在野の鉱物研究家として名高い長島乙吉氏である。長島氏は昭和初年に無名会、日本地学研究会など現在まで続くアマチュア団体発足のきっかけを作った人物であり、苗木の名が知られているのは、氏の功績によるところが大きい。現在、中津川市鉱物博物館に長島鉱物コレクションが収蔵・展示されている。

ペグマタイトの鉱物は、旧蛭川村田原付近のものが著名となり、昭和62年（1987）、石切り場から産した鉱物を展示する観光施設・博石館も開設され人気を得た。当時は、蛭川村の鉱物の啓蒙のため「恵比寿鉱物倶楽部」という会があり、石切り場での採集の窓口にもなっていたが、現在では活動していない。また近年では、コスト高と従業者の高齢化から石材の採掘よりも輸入石材の加工が中心となり、新たな晶洞はあまり見られなくなった。

■中瀬鉱山（なかせこうざん）
カラー中口絵写真15番、p.164
兵庫県養父市吉井

沿革は天正元年（1573）の砂金発見に遡る。その後、天正13年（1585）より享保13年（1728）までが全盛期であった。近代以降は、明治26年（1893）帝室御料局をはじめ、三菱、日本精鉱など転々と所有者を変えながら操業を続け、戦後は日本精鉱の経営にさんだ位置関係にあり、こちらは印材用に水晶を採掘したようである。

■五代松鉱山（ごよまつこうざん）
カラー前口絵写真７番
奈良県吉野郡天川村

スカルン中の磁鉄鉱を採掘した小鉱山。昭和46年（1971）の出鉱量で約３万トンという。昭和56年（1981）休山。日本式双晶を産したことでも知られる。

■佐山鉱山（さやまこうざん）
p.160
秋田県北秋田市阿仁萱草

歴史は古く、寛文13年（1673）の銅鉱発見に始まる。昭和43年（1968）11月の休山まで、中断をはさみながら稼行された。「阿仁六銅山」のひとつに数えられた萱草銅山であり、昭和６年（1931）の阿仁鉱山休山までは阿仁鉱山の一鉱床として操業された。「佐山鉱山」の名義となるのは昭和８年（1933）以降である。阿仁鉱山と同様、新生代第三紀の熱水鉱脈型鉱床である。閃亜鉛鉱の大型結晶を産したのは、休山直前の時期と伝えられている。

■清越鉱山（せいごしこうざん）
p.171
静岡県伊豆市土肥町

伊豆半島に数多くある金銀鉱山のうち、最大規模の鉱山。昭和６年（1931）に露頭が発見され、昭和12年（1937）より本格的に採掘を開始、昭和62年（1987）５月、円高に伴う採算悪化による中止まで採掘を続けた。伊豆半島の金銀鉱床はいずれも新生代新第三紀の火山岩に伴う浅熱水鉱脈型鉱床で、規模の大きな鉱山にはほかに土肥金山、持越鉱山などがある。また下田市蓮台寺の河津鉱山は、美しいイネス石や稀少なテルル鉱物などの産出で著名である。

■高取鉱山（たかとりこうざん）
p.42、p.169
茨城県東茨城郡城里町

天正年間（1573～92）に錫鉱山として、佐竹藩によって開発された。明治44年（1911）に、タングステンの鉱石である鉄重石が発見され、第一次世界大戦による需要の急拡大や、三菱鉱業の近代的鉱山経営によって、当時は日本最大のタングステン鉱山となった。その後、海外の安価で良質なタングステン鉱の輸入などにより、規模縮小がつづき、昭和61年（1986）休山した。鉱床は砂・泥岩、チャート中の熱水鉱脈鉱床であり、グライゼン中に鉄重石・錫石・硫砒鉄鉱・菱マンガン鉱・水晶・トパーズ・蛍石などを産出した。なかでも、鉄重石・菱マンガン鉱・錫石は大型で見事な結晶で知られ、コレクターの垂涎の的となっている。

■田原（たはら）
カラー前口絵４番解説、p.37、p.50
岐阜県中津川市蛭川

「苗木」の項を参照。

■秩父鉱山（ちちぶこうざん）
カラー中口絵写真14番、p.115、p.159、p.168
埼玉県秩父市大滝

慶長15年（1610）、戦国大名の武田氏によって、金山として開かれたという。それ以後も、断続的に採掘がされたが、昭和12年（1937）に日窒鉱業が買収してのち、近代鉱山として開発された。金・銀・銅・鉛・亜鉛・鉄・マンガンと、日本有数の金属鉱山に発展したが、昭和53年（1978）に金属の採鉱を停止したが、現在でも規模を縮小して添加物用の炭カル（方解石）を採掘している。鉱床は大黒を中心に、赤岩、道伸窪、六助、和那波など約３km四方の区域に点在し、ジュラ紀付加体の石灰岩と石英閃緑岩の接触交代鉱床と、断層に沿った熱水鉱床よりなる。車骨鉱・セムセイ鉱・方鉛鉱・ベスブ石・方解石・柘榴石にのばし、大正・昭和と成長をつづけ、昭和15年（1940）ごろに、最盛期を築き上げた。しかし、大東亜戦争による昭和18年（1943）の金山整備令によって、一時的に出鉱を停止。敗戦後の再開は順調で、昭和40年（1965）に戦後のピークを迎えたが、その後は徐々に衰えを見せ、金価格の低迷などから平成９年（1997）、再び採掘を停止した。1990年ごろの一時期、紫水晶の群晶が市中に出たことがあり、鉱物コレクターの間では、そちらでも記憶されている。

■甲州の水晶
カラー前口絵写真１番、２番、６番、p.16、p.21、p.22、p.38、p.44、p.58
山梨県甲府市、北杜市、山梨市、甲州市ほか

甲州の水晶は日本産水晶の代名詞ともいえる存在だが、個人がこれを採掘できるようになったのは意外に新しく、近代になってからのことである。

江戸時代では水晶はすべて幕府の所有物とされ、「掘り取り私有禁止」であった。山体の崩壊など自然災害により偶然水晶が現れた場合でも、村の名主や役人が幕府にお伺いを立て、価格を決めたうえで払い下げてもらうしか方法がなかった。こうして採掘が禁止されていた江戸時代から、明治維新によって状況は一変する。新政府の「殖産興業」は地下資源の開発を促進し、明治２年（1869）に民間へ鉱山開発が許可されるようになった。山梨県下でも、当時国内外で需要の高まりを見せていた水晶の試掘・採掘許可の出願が多数なされ、本業や副業として水晶を掘る者が現れることになったのである。このようにして明治20年（1887）ごろには水晶採掘は最盛期をむかえたが、無計画な採掘の弊害で山が荒廃し、治山治水のための法制限が加えられることとなった。

これ以後、水晶採掘は衰退の道をたどるようになった。大正時代に入っても、山梨県産水晶の減少に対して、需要の高まりは変わらず、水晶の不足を埋めるために、南米ブラジルから大量の輸入をあおぎ、産業の要求に応じるようになった。その一方で、地元の人間の手によって、県内の水晶は細々と掘られており、甲州の水晶は市場に供給されてはいた。

昭和になって、大恐慌とそれに続く不況、満州事変から大東亜戦争にいたる不安定な状況の中、海外からの水晶輸入は困難になり、昭和16年（1941）半ばから、完全に輸入が途絶してしまうことになった。敗戦後、景気の回復とともに輸入は再び盛んになり、現在にいたるが、その間も地元による水晶採掘は続いていた。しかし、資源の枯渇と水源地での採掘制限により、昭和30年（1955）ごろには、その歴史を閉じることになった。

■小坂鉱山（こさかこうざん）
カラー中口絵写真12番
秋田県鹿角郡小坂町

第三期のグリーンタフ中に胚胎する黒鉱鉱床の鉱山。文久元年（1816）に、金銀鉱山として採掘がはじまる。南部藩直轄の鉱山として繁栄したが、明治に入って富鉱部を掘りつくし、一方「黒鉱」の精錬方法が未熟であったために、一時経営が困難におちいった。その後、明治31年（1898）に「黒鉱」の硫化鉱物に含まれる硫黄の酸化熱を利用した「自溶炉法」が開発され、大銅山として隆盛を極めた。その後、何度かの浮き沈みを経て、昭和34年（1959）に「内の岱《うちのたい》鉱床」が発見された。これは大規模な黒鉱鉱床であり、平成２年（1990）に鉱床を採掘しきって閉山するまで、その永きにわたる命脈を保った。

■甲武信鉱山（こぶしこうざん）
p.19、p.68、p.79
長野県南佐久郡川上村梓山

スカルン中の磁鉄鉱を目的に、昭和初年に国師鉱床が「金峰鉱山」の名で採掘され、第二次大戦中には、梓山鉱床が「梓山鉱山」の名で採掘された。戦後、昭和24年（1949）に住友が鉱床を一括して買収、規模の拡大がなされたが、その後わずか３年ほどで休山。「甲武信鉱山」はこの時期の名称である。地元では「梓鉱山」とも呼ばれる。68ページで紹介している川端下とは同じ山の尾根をは大正13年（1924）に、三井鉱山に払い下げられ、釜石鉱山株式会社と改称された。その後、昭和14年（1939）に日鉄鉱業の傘下となる。昭和25年（1950）には、黄銅鉱を主鉱石とした、銅鉱床を開発して国内最大級の鉄・銅山に成長した。しかし、昭和50年代より生産量が落ちはじめ、平成４年（1992）に銅採掘を、翌年には鉄の採掘も停止し、現在は坑内湧水をミネラルウォーターとして採取、販売している。

■神岡鉱山（かみおかこうざん）
カラー中口絵写真16番、p.15、p.21、p.58、p.81、p.142、p.155、p.159、p.173
岐阜県飛騨市神岡町

神岡鉱山の鉱床は、飛騨変成岩帯の石灰岩を交代する鉱床で、主なものに北から茂住《もずみ》、漆山、円山、栃洞鉱床がある。栃洞鉱床が最大である。歴史は古く、養老年間（717〜724）、朝廷に金を献上したという伝承がある。徳川時代の初期には当地を代表する銀山となったが、露頭付近の資源枯渇から、幕末には休山状態であった。明治以降、三井組が鉱山経営に参入し、明治20年代には次項の亀谷鉱山とともに三井鉱山の経営となる。戦後は三井鉱山が分割されて三井金属鉱業の経営となり、さらに昭和61年（1986）、一山一社の神岡鉱山株式会社として分離。東洋一の亜鉛鉱山と言われたが、平成13年（2001）採掘中止。現在では鉛・亜鉛の精錬と大深度地下空間利用が行われている。近年、鉱物標本として市中に出ているのは、大半が栃洞鉱床、円山鉱床のものと思われる。茂住鉱床は稼行が断続的で、神岡町の中心に近い栃洞と10km近く離れ、集落も別であったため標本の現存数が少ないと推測される。なお、鉱床まで特定できる標本は少なく、本書では便宜上、栃洞鉱床と近接する円山鉱床の区別をせず「栃洞地区」という表記とした。

■亀谷鉱山（かめがいこうざん）
p.108
富山県富山市亀谷

天正６年（1568）発見、古くは越中国の財政を潤した銀山であった。近代以降は大正３年（1914）ごろより昭和５年（1930）ごろまで三井鉱山によって稼行された。急峻な山地の約３km四方に鉱床が散在する。本書で取り上げているホコラ坑（宝蔵坑）は、往時には最も多量のカラミンを産したと伝えられる。鉱床は飛騨変成岩帯中の石灰岩を交代したスカルン塊状鉱床、裂罅充填鉱床で、銅・鉛・銀を含有する。

■木浦鉱山（きうらこうざん）
カラー中口絵写真５番
大分県佐伯市宇目

保元２年（1157）に、野宿のたき火から流れ出た錫から、偶然鉱脈を発見したと言われている。鉱山として開発されたのは慶長11年（1606）で、岡藩の手によって銀・銅・鉛・錫が採掘された。明治になると、金属のほかに「亜砒焼き」による亜砒酸の製造も行われ、一時は1000人を超える人間が働き、周辺は活況を呈した。

現在は、路面の滑り止め等に使用する「エメリー」という細かなコランダムやスピネルを含む岩石の採掘のみが行われている。鉱床は秩父帯の石灰岩と、花崗岩のスカルン鉱床である。木浦鉱山は極めて数多くの旧坑が存在し、そうした中にワンドウ坑の異極鉱や、駄《だ》積形尾《つがたお》のスコロド石や亜砒藍鉄鉱といった、有名標本の産地がある。

■串木野鉱山（くしきのこうざん）
p.75
鹿児島県串木野市　串木野鉱山

鉱床は、浅熱水性裂罅充填金銀鉱床。鉱床の発見は鎌倉時代にまでさかのぼると言われ、元禄元年（1688）には、鉱山として稼行をはじめたらしい。明治になって、精錬に「青化法」を採用するなどの近代化で生産を急速山隆平により本格経営がはじまる。明治19年（1886）の新鉱脈発見まで経営は振るわなかったが、新鉱脈発見以降は、明治29年（1896）の大洪水による鉱山施設の全流出、日露戦争後の不況などを乗り越え、大正８年（1919）、最盛期を迎える。昭和６年（1931）、横山家から日本鉱業に経営が移り、さらに昭和37年（1962）北陸鉱山の経営となる。昭和46年（1971）閉山。

■乙女鉱山（おとめこうざん）
カラー前口絵写真６番、p.16、p.43
山梨県山梨市牧丘町

奥秩父連峰の金峰山南部に位置し、新生代新第三紀の花崗岩中の10mに達する石英脈からなる鉱床である。装飾や印材用の水晶・珪石・鉄重石・輝水鉛鉱等を採掘し、時代と稼行者の変遷によって、乙女坂・倉澤鉱山・水晶鉱山・重石鉱山・鳳鉱山などと、多様な呼称をされた。鉱物標本としては、水晶、特に「日本式双晶」と、灰重石後の鉄重石仮晶である、通称「ライン鉱」が非常に有名である。

■尾平鉱山（おびらこうざん）
カラー前口絵写真３番、p.40、p.167
大分県豊後大野市緒方町

元和３年（1617）、錫の採掘を目的として開山したと伝えられる。江戸時代を通じて藩直轄の鉱山として、引き続き錫を主鉱石として、採鉱が行われた。明治から大正にかけては、採掘方法の近代化が遅れ低迷したが、昭和10年（1935）に三菱鉱業の経営となり、施設や探鉱が飛躍的に進歩した結果、鉱山は活況を呈した。後に、鉱脈の枯渇等のため、昭和29年（1954）に閉山した。鉱床は、スカルン鉱床と、低温型から高温型の鉱脈鉱床よりなり、方鉛鉱・閃亜鉛鉱・錫石等を産出した。尾平鉱山で標本として有名な鉱物には、緑やピンク色の蛍石、暗紫褐色の斧石美晶、硫砒鉄鉱の長柱状結晶等がある。この鉱山の特産であるまりも入り水晶は、数多くある坑のひとつ「こうもり坑」から得られている。

■尾太鉱山（おっぷこうざん）
p.62、中口絵写真6番、9番、p.112、p.140、p.151
青森県中津軽郡西目屋村

新生代新第三紀の安山岩、グリーンタフなどに胚胎する熱水鉱脈鉱床。尾太鉱山の歴史は古く、奈良時代にはすでに開発されたと言われる。近代以降は稼行を中断していたが、昭和27年（1952）操業再開、昭和30年代には近代的な施設を導入し、最盛期には月間約３万2000トンの粗鉱を生産するなど活況を呈した。昭和53年（1978）閉山。現在は坑道から出る排水処理が行われており、排水路の中で形成されたマンガン団塊が見出され話題となった。

■尾去沢鉱山（おさりざわこうざん）
中口絵写真17番、p.66
秋田県鹿角市

新生代新第三紀の裂罅充填鉱脈鉱床の銅・鉛・亜鉛を採掘した。地域も広く、鉱脈の数は180を数え、坑道の総延長は800kmに及ぶ大鉱山である。歴史は古く、口碑によれば、和銅元年（708）、村人が発見した銅鉱を精錬して朝廷に献上したことにさかのぼるという。その後、慶長４年（1599）以降、断続的に操業された。明治19年（1886）経営困難に陥り、組合による経営などを経て、明治22年（1889）、岩崎家の所有するところとなる。後、大正年間（1912～1926）には大規模な比重選鉱場や発電所の建設など、規模を拡張し活況を呈した。昭和20年代後半以降、次第に鉱石の品位が低下し、昭和41年（1966）山元精錬を中止、昭和53年（1978）５月、閉山となった。

■釜石鉱山（かまいしこうざん）
p.152
岩手県釜石市

享保12年（1727）、仙人峠において磁鉄鉱の露頭が発見され、以来、鉄の採掘が行われた。明治７年（1874）には、官営製鉄所となり、が安定せずに破綻し、一時政府に没収された時期もあった。明治９年（1876）瀬川安五郎が払い下げを受けて以後は、大鉱脈が相次いで発見され、活況を呈するようになる。加えて明治13年（1880）に日三市鉱山を、同18年（1885）には畑・亀山盛《きさもり》両鉱山を併合して大鉱山となった。明治20年（1887）、瀬川から三菱に売却されると、近代的な施設が積極的に導入され、さらに鉱山は活気にあふれたが、昭和15年（1940）、休山した。

その後、同じ協和町にあった宮田又鉱業所が、戦時下の昭和18年（1943）、荒川鉱山、亀山盛鉱山を宮田又鉱山と合わせて開発することとなり、名称も「荒川鉱業所」と改称された。このために、現在、宮田又鉱山の鉱石と旧荒川鉱山のものが混同されることは多い。

■飯豊鉱山（いいでこうざん）
p.101、p.147
新潟県新発田市

新発田市の南東方向、加治川上流の飯豊山付近にあった鉱山で、発見は19世紀の初め頃といわれる。日本曹達の傘下にあり、正式名称は「日本曹達飯豊鉱業所」である。小岐坑では銅が採掘され、飯豊坑では亜鉛および鉛を主に採掘した。黄鉄鉱の巨晶は小岐坑から産したと伝えられる。石灰岩に伴う接触交代鉱床で、同地域の鉱床を西側から赤谷鉱山(日鉄鉱業)が、南側より飯豊鉱山が採掘を行っていた。そのため、日鉄鉱山(赤谷)と日曹鉱山(飯豊)と呼称されることもあった。昭和42年（1967）閉山。

■市ノ川鉱山（いちのかわこうざん）
カラー中口絵写真18番、p.162
愛媛県西条市大生院

歴史は古く、文武２年（698）に鉱石が帝に献上され、奈良の大仏にも当地のアンチモニーが使用されたといわれる。江戸時代には本格的な鉱山開発が始まった。明治9年（1876）、パリ万国博覧会に輝安鉱とアンチモニーのインゴットが出品され好評を博して以降、零細な鉱区申請者が続出し、現地は大混乱となったという。以降、明治15～30年（1882～97）がアンチモニー出鉱の最盛期であり、発見以来の産出総量は1万9000トンにのぼる。明治・大正期にはアンチモニーは活字のほか砲弾に用いられ、戦時になると活況を呈した。断層に沿って発達する裂罅《れっか》充填型鉱床である。特に、明治14、15年（1882、83）には、石英脈の晶洞に成長した、輝安鉱の世界的巨晶を産出し、現在各国の自然史系博物館で、目玉展示品となっている。鉱山の稼行当時、「花火師」であった田中大祐（明治5～昭和31年）は、こうした市ノ川鉱山産輝安鉱の傑出した標本の発見・保存に尽力し、大きな功績を残した。

■稲倉石鉱山（いなくらいしこうざん）
カラー中口絵写真7番、8番、p.111
北海道後志支庁古平郡古平町

明治18年（1885）に金鉱を発見し、明治22年（1889）から本格的に開発され、金・銀・銅を採掘した。明治の中期から末期にかけて、産出量を増やしながら発展を続けたが、日露戦争勝利後の明治44年（1911）に、いったん休山。その後、大正６年（1917）、第一次世界大戦で急増したマンガン需要を見て、マンガン鉱山として再び開発された。昭和に入り、相次ぐ戦争の下でも、資源の輸入途絶によって国内の「重要鉱山」の指定を受け、非常な活況を呈した。敗戦後は日本の経済復興とともに、再びピークを迎えるが、昭和38年（1963）以降は業績が悪化。そのため、昭和45年（1970）に大江鉱山と合併し、昭和59年（1984）閉山した。

■尾小屋鉱山（おごやこうざん）
カラー前口絵写真12番、p.17
石川県小松市尾小屋町

新生代新第三紀中新世のグリーンタフ中に発達する裂罅充填鉱脈鉱床を採掘した銅鉱山である。文献記録から、少なくとも天和２年（1682）以前には金山として操業されていたことが確認されている。明治以降、銅山として大きく開発された。明治14年（1881）、横

■産地解説

本書に登場した鉱山・産地名などに関して、スペースの関係などから本文注釈では説明しきれなかったものについてまとめてみた。地質・鉱床的な背景のほか、鉱山の事業としての沿革について記している。見ていただければ分かると思うが、鉱床の発見から閉山に至るまで順調に経営されてきた鉱山は少なく、経営者が変わったり、稼行中止、再開を繰り返すのが普通である。鉱物は自然が生み出したものだが、私たちの手元に標本としてやってくるまでには、さまざまな人の営みがある。産地名については、ただ「採れた場所」を示す記号的なものとして、それ以上の関心をはらわずに済ましてしまいがちだが、手がかりとなる情報があれば、より踏み込んだ関心を呼び、理解を深められることと思う。もちろん、ここに記したデータはごく簡単なものにすぎず、十分なものではない。また、小鉱山の場合、資料に乏しいことも多く、筆者らもリサーチの途上にある。読者の検索や調査のきっかけになれば幸いである。また、海外の情報は紙幅の関係から止むを得ず割愛したことをお断りしておく。

■足尾鉱山（あしおこうざん）

p.84、p.115、p.143
栃木県日光市足尾町

流紋岩中に発達する熱水鉱脈鉱床と、チャート中の交代鉱床（河鹿鉱床）からなる。16世紀なかばには発見され、慶長15年（1610）には幕府直轄の足尾銅山となる。延宝年間（1673～1681）から元禄までの四半世紀の間、日本の輸出銅の2割を担ったが、幕末には休山同様の状態で明治政府に接収された。明治10年（1877）、民間に払い下げられ、古河市兵衛の経営となった。同14年、16年、洋式手法による探鉱の結果、相次いで直利（高品位で脈幅の広い富鉱部）を発見、以降、日本一の銅山として鉱工業を支えた。第二次世界大戦中の国策による採算を度外視した採掘により経営が悪化したが、昭和25年（1950）以降、鉱源の再開発や新たな技術の導入により「奇跡の復活」を遂げた。昭和48年（1973）閉山。開山以来の産銅量は約80万トン。鉱物標本としては、黄鉄鉱、黄銅鉱、閃亜鉛鉱、方解石、蛍石のほか、自然蒼鉛、生野鉱などビスマス鉱物、燐灰石、藍鉄鉱、ラドラム鉄鉱といった燐酸塩鉱物で知られる。

■阿仁鉱山（あにこうざん）

p.138、p.141
秋田県北秋田市阿仁

旧阿仁町の北半分を鉱山地域が占める大鉱山であった。少なくとも100を超える鉱脈が見いだされ、江戸時代には銅山・金山として栄え、明治18年（1885）、古河市兵衛に払い下げられて以降、古河鉱業の経営となる。昭和になり、阿仁で選鉱を行った銅精鉱は足尾精錬所などに送られた。人や鉱石の行き来があったためだろう。「足尾鉱山の元鉱夫からもらったものだから足尾で間違いない」と言われているものにも、阿仁鉱山・稲荷坑の鉱石が混ざっていることがあるので注意が必要である。阿仁鉱山の鉱床は、新生代新第三紀中新世の海底火山性堆積岩を中心にした堆積岩と、それを貫く石英粗面岩、流紋岩、玄武岩といった火山岩を主な母岩とし、断層による間隙を充たした熱水鉱脈鉱床である。昭和45年（1970）に生産を中止した後、昭和48年（1973）に阿仁地区で新鉱床が発見され、新たに株式会社阿仁鉱山を設立し操業したが、鉱量枯渇のため昭和54年（1979）に閉山となった。なお、美石として稲荷坑の鉱石を採取・販売していたのはそれより以前のことである。

■荒川鉱山（あらかわこうざん）

表紙写真、まえがき、p.17、中口絵写真10番、p.150
秋田県大仙市協和荒川

開発は明治4年（1871）、当地の神官、物部氏によってなされた。明治6年（1873）、古河市兵衛ら鉱業組合に、さらに古河の代理人であった小野組へ経営がバトンタッチされた

■参考文献

和田維四郎『日本鉱物誌』1904　東京大学出版会　2001（復刻）
伊藤貞市・櫻井欽一『日本鉱物誌　第三版』　1947
中田勇次郎『文房清玩』全四巻　二玄社　1961-1975
木下亀城『原色鉱石図鑑』保育社　1962
木下亀城・湊秀雄『続原色鉱石図鑑』保育社　1963
誠文堂新光社農耕と園芸編集部『水石の心・石の味』誠文堂新光社　1967
益富寿之助『石－昭和雲根志』白川書院　1967
篠原方泰編『水晶宝飾史』甲府商工会議所　1968
地学団体研究会編『地学事典』平凡社　1970
日本放送出版協会編『奇石珍石』日本放送出版協会　1972
櫻井欽一『蟇石庵塵語　我が父母を語る　その他』　1972
愛石界編集部編『水石・美石百科』樹石社　1972
地質調査所「今吉鉱物標本」ワーキング・グループ『今吉鉱物標本』通商産業省工業技術院地質調査所創立100周年記念協賛会　1973
櫻井欽一博士還暦記念事業会編『櫻井鉱物標本』同事業会　1973
今井秀喜『日本地方鉱床誌　関東地方』朝倉書店　1973
瀧本清『日本地方鉱床誌　近畿地方』朝倉書店　1973
益富寿之助『カラー自然ガイド13　鉱物－やさしい鉱物学－』保育社　1974
松本徰夫・小川留太郎『鉱物採集の旅　九州北部編』築地書館　1975
宮久三千年・皆川鉄雄『鉱物採集の旅　四国・瀬戸内編』築地書館　1975
草下英明『鉱物採集フィールドガイド』草思社　1982
加藤昭・松原聰『鉱物採集の旅　東京周辺をたずねて』築地書館　1982
加藤昭・松原聰・野村松光『鉱物採集の旅　東海地方をたずねて　増補版』築地書館　1983
益富寿之助『原色岩石図鑑』保育社　1989
浅成金銀鉱床探査に関する研究委員会編『日本金山誌　第1編　九州』社団法人資源・素材学会　1989、『第3編　東北』　1992、『第4編　関東・中部』1994、『第５編　近畿・中国・四国』1994
堀秀道『楽しい鉱物学』草思社　1990
石川洋平『黒鉱―世界に誇る日本的資源を求めて』共立出版　1991
堀秀道『楽しい鉱物図鑑』草思社　1992
通商産業省工業技術院地質調査所編『日本の岩石と鉱物』東海大学出版会　1992
秋月瑞彦『山の結晶　水晶の鉱物学』裳華房　1993
益富地学会館監修・藤原卓解説『ポケット図鑑　日本の鉱物』成美堂出版　1994
巽好幸『沈み込み帯のマグマ学』東京大学出版会　1995
秋月瑞彦『虹の結晶　オパール・ムーンストン・ヒスイの鉱物学』裳華房　1995
名古屋鉱物同好会編・伊藤剛構成『東海鉱物採集ガイドブック』七賢出版　1996
地学団体研究会編『新版　地学事典』平凡社　1996
堀秀道『楽しい鉱物図鑑　2』草思社　1997
加藤昭『鉱物の観察』加藤昭先生退官記念会　1997
加藤昭『鉱物読本シリーズNo.2　マンガン鉱物読本』関東鉱物同好会　1998
加藤昭『鉱物読本シリーズNo.3　造岩鉱物読本』関東鉱物同好会　1998
秋月瑞彦『鉱物学概論』裳華房　1998
飯山敏道『地球鉱物資源入門』　東京大学出版会　1998
加藤昭『鉱物読本シリーズNo.4　硫化鉱物読本』関東鉱物同好会　1999
加藤昭『鉱物読本シリーズNo.5　スカルン鉱物読本』関東鉱物同好会　1999
加藤碵一・遠藤祐二『石の俗称辞典　－面白い雲根志の世界－』愛智出版　1999
加藤昭『鉱物読本シリーズNo.7　ペグマタイト鉱物読本』関東鉱物同好会　2000
石田高『山梨の奇岩と奇石』山梨日日新聞社　2002
文化庁文化財部記念物課『近代遺跡調査報告書―鉱山―』ジアース教育新社　2002
松浦有成『水石入門マニュアル　一石一魂』近代出版　2003
秋月瑞彦『鉱物マニアになろう』裳華房　2003
松原聰『フィールドベスト図鑑15　日本の鉱物』学習研究社　2003
砂川一郎『結晶　成長、形、完全性』共立出版　2003
小川勇二郎・久田健一郎　日本地質学会フィールドジオロジー刊行委員会編『フィールドジオロジー5　付加体地質学』共立出版　2005
斎藤實則『あきた鉱山盛衰記』秋田魁新報社　2005
松原聰・宮脇律郎　『日本産鉱物型録』東海大学出版会　2006
『白山の金山』大野市歴史博物館　2006
松原聰編　加藤昭・千葉とき子・松原聰・宮脇律郎著『鉱物観察ガイド』東海大学出版会　2008

Editorial Committee for "Introduction to Japanese Minerals" Organizing Committee IMA-IAGOD MEETINGS '70 "Introduction to Japanese Minerals" Geological Survey of Japan 1970
Harold L.Dibble "Quartz An Introduction to Crystalline Quartz" Dibble Trust Fund Ltd. 2002
Guangha Liu "Fine Minerals of China" AAA Minerals AG. 2006

「別冊　墨」第四号『文房四宝』　芸術新聞社　1987
Wendell E. Wilson "CONNOISSEURSHIP in Minerals" *Mineralogical Record* Vol.21, No.1 The Mineralogical Record. Inc. 1990
R.P.Richards "The Origin of Faden Quartz" *Mineralogical Record* Vol.21, No.3 The Mineralogical Record. Inc. 1990
"Calcite The Mineral With the Most Forms" *extraLapis English* No.4 Lapis International, LLC 2003

著者紹介

伊藤剛

一九六七年名古屋市生まれ。鉱物愛好家、マンガ評論家。

名古屋大学理学部地球科学科卒。

著書『テヅカ・イズ・デッド』（NTT出版、二〇〇五）など。共編著書『東海鉱物採集ガイドブック』（名古屋鉱物同好会編、七賢出版、一九九六）。

武蔵野美術大学芸術文化学科非常勤講師。

高橋秀介

一九六七年東京都生まれ。コレクター。

日本大学文理学部応用地学科卒。

学生時代は都内にあった老舗の鉱物化石標本店「凡地学研究社」に入り浸る。

現在は地質調査業を営む。

鉱物コレクション入門

二〇〇八年一〇月一〇日初版発行

著者——伊藤剛＋高橋秀介

発行者——土井二郎

発行所——築地書館株式会社

東京都中央区築地七-四-四-二〇一　〒一〇四-〇〇四五

電話〇三-三五四二-三七三一　FAX〇三-三五四一-五七九九

ホームページ=http://www.tsukiji-shokan.co.jp/

印刷・製本——株式会社シナノ

装幀——小島トシノブ＋齋藤四歩（NONdesign）

ISBN 978-4-8067-1366-1　C0044

写真撮影　高橋秀介（4ページ及び41ページ下段写真撮影　伊藤剛）